図1　*Harper's Bazar*のパターン（1882年）
（Courtesy of the Commercial Pattern Archive, Special Collection, University of Rhode Island）

図2　*Vogue Paris*, 2016年9月号
（©Mert&Marcus/Vogue Paris）

図3　路上フリマ
(1998年5月, 表参道で撮影)
(提供：高野公三子)

図4　須藤絢乃“Magical boy magical heart, Williamsburg, Brooklyn, N.Y.,” 2014
(©Ayano Sudo, Courtesy MEM, Tokyo)

叢書セミオトポス 14

日本記号学会 編

転生するモード

デジタルメディア時代のファッション

新曜社

刊行によせて

日本記号学会会長　前川　修

そもそもファッションとは何か。

本特集の各論者は、ファッションという語で概ね、さまざまな時代と地域のひとびとが身にまとう当世風の衣装のことを指している。また同時に、この語にはもともと、「流行」という意味も裏地のように貼りついている。つまり、ここでは「流行（ファッション）」の「衣服（ファッション）」、これが「ファッション」の意味とされている。

もちろんすぐに補っておけば、まずこの語には衣服以外のものも含まれる。つまり、アクセサリーや髪型や化粧法、最終的には振舞いや嗜好を含むライフスタイルにまで意味は拡張される。第二にこの語は、十九世紀以降の大衆社会とマスメディアの登場と深い関係がある。この時期以降、メディアを介して伝えられるスタイルの変化が、強烈に時間＝時代を意識させるものとして浮上した。その典型例がファッション＝衣服である。社会の日常的な表層とその刻一刻の移り変わりを目にすること、上書きされつづける流動的な今そのつどの現象への構え、私たちにとってはもはやあまりにも自明になったこうした生のあり方、そうしたことも、「ファッション」を輪郭づけている。

このように際限のない拡張性や恒常的な現在性という性格もあってのことだろうが、ファッションを論じることにはつねに困難が伴ってきた。もちろん、ファッションについて言葉が紡がれることは珍しくはない。雑誌やTV番組では日々、ファッションを語る評価（例えば「ファッション・チェック」的番組や記事）を嫌というほど目にするし、あるいはそこでは、ファッション・デザイナーやブランドを中心にしたファッションを称揚する言説も溢れている。

また、衣服を研究する学問としては、すでに服飾史があるし、最近では文化研究を方法論としたファッション研究も目にすることは多い。しかし、今回の執筆者などの、一部の例外的な議論を除けば、多くのそのような評や論は、この現在性と拡張性をうまく扱うことができない。だからファッションをあらかじめジャンル区分したり、高級なもの／高級でないものに階層化したり、有名なデザイナーや雑誌編集者の固有名を中心にしたりして、制限つきで議論せざるを得ない。さらにいえば、ファッション論は必然的に有名ブランドやデザイナーの衣服を「作品」として、あるいはテクストとして論じることにもなる。本書で何度か言及されるロラン・バルトのモードの記号論や鷲田清一氏の現象学的なモード論などは、こうしたファッション言説とは一線を画す、現在でも無視できない業績なのだが、そうした傾向は少なからずある。

第Ⅲ部で吉岡洋氏が述べているように、「ファッションなんて自分には関係ない」と思っているひとにすら、ファッションは実は作用している。そうした広大な作用圏、言うなれば、ファッションのヴァナキュラーな磁場を浮かび上がらせるようなファッション論は、まだ十分には構築されていないと思う。ロカモラとスメリク編『ファッションと哲学』（蘆田裕史監訳、フィルムアート社、二〇一八年）はそうした未来のファッション論のための素材を提示したということで大きな意味がある。

＊

このような意味で、今回の「メディア」への照準は、これまでとは別の、ファッションへのアプローチになるだろう。遠く十九世紀に始まり、一九八〇年代を経て現在まで、紙媒体から都市空間を経てデジタルメディアまで、移り変わる媒体の変遷に焦点を絞れば、必然的にファッションへの欲望や特徴的な所作がまとまったかたちで浮かび上がるにちがいない。だが現在、ファッションに向けられる欲望は大きく変容している。そこにはメディアの問題が深く関与している。それは、第Ⅲ部の大黒岳彦氏の言葉でいえば、ヒエラルキーからネットワークへの、言い換えれば、垂直的な伝播から水平的な伝播へのメディアの変化である。それに伴い、欲望の流れは、ブランドや雑誌メディアという比較的大きな発信項や中継項から、ネット上の小さな、拡散した中継項へと力点を移しつつある。ここには、イメージという、言葉とならぶメディアも緊密に結びついている。いやむしろイメージの全面化が、現在の水平的な伝播の鍵になっていると言ってもいい。

もちろん、イメージ、とくに写真がファッション誌に掲載されるようになったのは、二十世紀初頭のことである。それ以来、有名写真家のいわゆるファッション写真列伝が続いていた（掲載できなくて残念だが、それが大会第一日目の小林美香氏の報告内容だった）。しかし現在、ファッションを伝えるための写真イメージは、根本から様変わりしている。それはオンラインのアパレル・ショッピングサイトの商品写真とか、オークションサイトのブツ撮り写真とか、インスタグラムなどのSNSでアップされた半ば素人の自撮り写真とかのことである。素人に毛の生えたような自称モデルの、何気なさを装った着こなしのさまが、ひとびとの相互参照項になる。だから、これまでのように、美化され、前衛的で、ブランドのイメージ全体を伝えるような、アウラをまとった先鋭的イメージではなく、平凡でありきたりで無味乾燥で文字通りのただの何でもないイメージが、身にまとう所作や身にまとわれるものの、水平的な伝播や相互模倣を促している。そこでは第Ⅱ部で議論される、都市の想像力を介した一九九〇年前後のストリートファッションの濃密で熱い水平的伝播とは全く違う状況が生じている。

今ウェブで起きていることは、写真、とくにデジタル写真を研究している者（私の本業は写真論研究である）にとっては、推測することがそれほど難しくはない。デジタル写真は、第一にプロ／アマチュアの区別を解消する傾向を持つ。第二にそれは、リアルの意味を全く異なるものにする。つまり、すでにフレーミングされたイメージ（例えばインスタの写真）を自分が「今」タップする＝フレーミングすることでつかのまだけリアルさが感じとられるということである。第三に、第二の特徴と結びつくのだが、デジタル写真はネット上の今現在という「モメント性」を特徴とする。そこでは、ある種無時間的な常なる現在性のなかに過去も現在も未来も入り込んでいくような脱臼した時間性が支配している。第四に、消費と労働の分割線が抹消され、消費を楽しんでいる反面で、ある種の強制力を持った労働を意図せず続けてしまっている、しかもそれを止めることができないという、遊び＝労働（play + labour＝playbour）とでも呼ぶべき所作や振舞いが恒常化している。ともかく詳細は省くが、従来の記号論では、デジタル写真のこうした側面を十分には扱えないのである。

　これまでの、狭義のファッション、とくに高級（ハイ）なファッションは、一面でこうしたデジタル環境によって甚大な影響を被ることになる。先のデジタルの特性のなかで最も深刻なのは、――これも吉岡氏が述べているように――最新のファッションが求められるというある種の進化論的な、強迫的な時間図式を、デジタルメディアの時間性が寸断してしまうことである。それは、ある意味では解放なのかもしれない。しかしユーザーたちは、失調した時間性のなかでバラバラになったイメージの切片に浅く情動を誘発されつつ、一様に広がる均質なイメージに印をつけてそれを我有化しつづけざるを得ない。それが結果的に、自分自身を包む薄い膜や外皮になるからである。ファッション好きのひとびとのインスタ画面が示しているのは概ねそうしたものである。さらにいえば、そもそもインスタ（に上がっている自撮り）にはその初期設定としてフィルターが介在しているのも、同じ理由からなのだろう。フィルターという薄膜が自己の防護の覆いになっている。「盛る」ことはしていなくとも、フィルターはこのような意味で自己イメージの最低必須条件なのである。

こうしたことを考えながら、本書第Ⅲ部の元になったセッションのゲスト、須藤絢乃氏の話を聞いていた。彼女の作品は、ただかりそめに自己イメージと戯れることを目的としているだけではない、と私は思う。彼女は、遊び＝労働にとりつかれながらも、そこに別の余地＝遊びを見出し、先に述べた薄膜を「裁断」して「縫製」しなおそうとしているのではないだろうか。たしかに、そのイメージは、鎧とはほど遠い継ぎ接ぎだらけの外皮＝外皮をこしらえているだけだと、ひとびとの目には映るかもしれない。しかし、それは、ネット上を統御している、一様な自己を生成させてしまうアーキテクチャ（「強い技術」）に抗して、「弱い技術」（中谷礼仁『セヴェラルネス』鹿島出版会、二〇〇五年）を駆使する試みでもある。それは、おそらくファッションのこれまで挙げた意味とは別の意味、つまり、別種のリミナルな自己の「成型＝ファッション」の実践と考えてもいいのではないだろうか。

一九九〇年代に写真の世界で写真の終焉が声高に口にされたのと同様に、ファッションの終焉も、ファッション言説で口にされることが多いという。ファッションあるいはモードは衰退するのだろうか。私はそうは思わない。むしろそれは別のものへと成型されつつあるのではないか。それをひとまず「転生するモード」と呼んでおこう。

転生するモード——デジタルメディア時代のファッション＊目次

はじめに　問題提起

第三七回日本記号学会大会実行委員長　高馬京子

本書『セミオトポス一四号　転生するモード――デジタルメディア時代のファッション』は二〇一七年五月に開催された日本記号学会第三七回大会を元にして編集された論集である。記号学会では、衣服に関するテーマとして、二〇一二年の日本記号学会大会（兵庫県立大学・小野原教子大会実行委員長）が開催され、『叢書セミオトポス九号　着ること／脱ぐことの記号論』が出版されたが、本書では、衣服というよりは、流行としての「衣服」すなわちファッション／モード[*1]に焦点をあて、それらを生成し発信する場（紙媒体、ストリート、デジタルメディアなど）との関係から考察する。

大会が開催された二〇一七年というのは、記号学とファッションにとって記念すべき年で、フランスでロラン・バルトの『モードの体系』[*2]が出版されてから五〇年、またバルトが『モードの体系』に着手する契機の一つともなった、十九世紀当時のファッション雑誌に書かれた用語を分析した『一八三〇年代のモード』[*3]の著者、リトアニア出身の記号学者、A・J・グレマスの生誕百年を迎えた年でもあった。

『モードの体系』のなかで扱われたモードは、オートクチュール（高級仕立服）が全盛の一九五八年六月から一年間の間にフランスの「モード雑誌」に掲載されたモードで「ファッショングルー

＊1
「ファッション」は英語からの外来語、「モード」はフランス語からの外来語であり、前者は『岩波国語辞典』によると、「（特に衣服の型についての）流行」とあり、後者は「流行（の形式）」という定義がある。日本語においては、衣服の型の流行について、例えば、「ファッションショー」のように「ファッション」を用いることが多く、ここではファッションという用語を衣服の型についての流行全般として用い、モードは、そのなかでも特に、メディアやファッション企業などが生成し、一方向的に発信する大文字のモード（Mode）を指す。

プ」（モードの製作者たち）が生成し、一方向的に発信された大文字のモード（Mode）である。バルトは、モード雑誌といったメディア、情報発信者のイデオロギーを暴こうと、記号学的観点から分析した。時代の流れのなかでバルトは、『モードの体系』の前書きで既にこの本を過去のもの、「記号学の歴史」として位置づけているが、研究対象として認められない傾向のあるファッション／モード雑誌の言説、イメージ分析を、バルトが『モードの体系』のなかで行ったことは、その後さまざまな研究領域でファッションを分析する研究者にとって一つの礎となったことは言うまでもない。

一九七〇年代以降、オートクチュールに代わり、高級既製服（プレタポルテ）が台頭し始めた後も、ストリートファッションなどの存在もあり、また、マスメディアやファッション企業の思惑通りに受け手が必ずしも追従しなかったとしても、ファッション雑誌は、大衆向けのメディアとして、衣服をファッションとして構築し社会に伝達するという役割を担っていた一つの装置であったとは言えるだろう。ファッション・マーケティングを専門とする研究者であるベンドーニ（Bendoni）は、米国発フリマアプリ「ポッシュマーク」のCEOマニッシュ・チャンドラの言葉、「（インターネット以前は、ファッション）トレンドを配布してきたものとして、ファッションショー、バイヤー、主要ファッション都市の強力なファッション編集者が挙げられるが、それは決して民主的とは言えなかった」[*4]を引用する。そしてまた、デジタルメディア、ソーシャル・ネットワークサービス（SNS）が発達し双方向的情報発信が日常的になった今日のファッションについて、「インターネットこそが（ファッションの）全てを民主化する」（Bendoni, ibid.）と指摘する。このような状況下の現代において、もはや大文字のモードは「崩壊」してしまったのだろうか。そして、インターネット、デジタルメディア、特にSNSの誕生によってファッションの形成と伝達の

＊2 Roland Barthes, *Système de la Mode*, Edition du Seuil, 1967.『モードの体系――その言語表現による記号学的分析』佐藤信夫訳、みすず書房、一九二七年。

＊3 Algirdas Julien Greimas, *La mode en 1830*, Paris: PUF, 2000.

＊4 Wendy K. Bendoni, *Social Media for Fashion Marketing: storytelling in a Digital World*, NY: Bloomsbury, 2017, p.10.

仕組みにいかなる変化が見られるのかという問いが生じるのである。

欧米圏において最初に現れた「オンライン・ファッションワールド」と称されるファッションに関するオンライン・メディアは、一九九四年頃から始まったとされる *Vogue.com*、*GQ.com* など一般ファッション誌のオンライン版で、その後、二〇〇二年頃に、ファッション・フォーラム、ファッション・ブログが生まれ、二〇〇四年にはストリートファッションのネット上での写真公開が本格化したとされている。[*5] また、日本では、本書にも登場していただいている高野公三子氏のもと、すでに二〇〇〇年からストリートファッション・マーケティングサイト『WEBアクロス』が開設されている。また、iPhone が二〇〇七年に誕生しデジタルメディア、SNS利用のさらなる発達によって、それまでファッション雑誌の編集者たちが担っていたインフルエンサー／ゲートキーパー[*6]という役割を、デジタルインフルエンサー、そしてファッション・ブロガーも担っていくようになる（Bendoni, ibid., p.28）。また、デジタルメディアが登場する前は、ファッションショー直後の日刊紙、もしくは、その数カ月後に紹介されるファッション雑誌に掲載されていたブランドのファッションショーの情報も、デジタルメディア時代の今日では、ブランド、インフルエンサー、ファッション雑誌などがそれぞれにSNSやアプリ[*7]を用いて、即時に発信し、「受け手」と共有する状況が日常的になっている。また、ファストファッション[*8]、ネットファッションによって最新のトレンドを反映したデザインのファッションが、即座に商品化され市場に陳列されるという現象も生じている（Bendoni, ibid., p.22）。

このような動きは、大手ファッション雑誌の編集者とデジタル・インフルエンサーといったゲートキーパーたちとの間の戦い、また取り込みをも生み出すとされる。[*9] そして、現在はデジタルメディア環境下で、複数の小文字のモード（局所的なファッション）が断片的にかつ多様に形成され、

＊5
ドルベックとフィッシャーの言葉。Bendoni, ibid., p.19 より引用。

＊6
インフルエンサー／ゲートキーパーとは、メディアを通して情報を発信して一般の人々の考え、行動、消費に影響を与える人々のことである。ファッションに関して、元来、このインフルエンサー／ゲートキーパーの役割を担っていたのは、モード編集者、バイヤー、有名人といったファッションのエリートグループとされていた。しかし、現在、インターネット、SNSの発達により、ファッション・ブロガー（自らのブログ、昨今ではSNSアカウントなどに自らのファッションや私生活を公表し、多くのフォロワーを有する人）もファッションのインフルエンサー／ゲートキーパーとして活躍するようになり、多様化が見られる。

＊7
例えば、各ファッション雑誌は、facebook、twitter、Instagram と

そこから際立ったものが、マスメディアによって取り込まれ大文字のモードとして形成されていく、という流れも見られるようになっていく。

また、ファッションがアイデンティティ、主体形成において重要な役割を果たすということは、ジンメルをはじめ、多くの論者が論じてきたが、ファッション研究者であるスーザン・カイザーも、ファッションを纏うことでジェンダー、階級、といった個人が有するさまざまな境界を超えて「私は誰になろうとしているのか」[*10]と問う。「本当の私」になるための自分の理想像を提示してくれる他者、そしてそれを承認してくれる他者を必要としながら、さまざまな境界を超えてアイデンティティを形成する一装置として、ファッションが存在するのである。そのようなファッションを通しての主体、アイデンティティ形成も、デジタルメディア、SNS誕生の前後で変化があったのだろうか。また、アイデンティティ形成に必要とされる他者は、マスメディアのなかで提示されてきた(多少距離の差はあるとしても)手の届かない自分の理想像としての他者であったのが、デジタルメディア、SNS誕生後には、テクノロジーの発達により、バーチャル上でより容易にさまざまに「変身」し、日常の自分とは異なる他者としてのもう一人(もしくは複数)の「自己」を実現できるようになった。このような環境下において、それまでの欲望する他者を見るだけの存在から、誰もが自分の姿をソーシャルメディアを通して公開し、不/特定の他者によって視線を投げかけられもする「見る/見られる」存在へとファッションの追従者を変化させている。

＊

このように、現代のメディア空間では、デジタルメディアが発展し、ファッションの発信者、受信者の境目が曖昧になり、もはやメディア上で一方向にはファッションは必ずしも構築・伝達されていないと考えられる。そこでは、実際、ファッション/モードはどのように形成されているの

いったSNSにそれぞれアカウントを持ち、紙媒体と連携してファッション情報を発信している。また、ファッションに関するスマートフォンのアプリとして、各コレクション情報を流す「ヴォーグ・ランウェイ」などもある。

＊8
fast fashion. ZARA、H&Mのように、低価格で販売される流行を素早く取り入れた商品、ファッションブランドのこと。

＊9
メンケスの言葉。Bendoni, ibid., p.24より引用。

＊10
Susan Kaiser, *Fashion and Cultural Studies*, NY: Bloomsbury, 2012, p.30.

か。そもそもデジタルメディアが誕生する前は、ファッション／モードは紙上でいかに構築され伝達されていたのか。また、デジタルメディアが誕生する前後、大文字のモードではない局地的なファッションを産み出すストリートではどのようなファッションが発信されてきたのか。そして、このようにファッション／モードを形成するメディアが多様化したことで、ファッション／モードとその着用者のアイデンティティ形成との関係はどう変化してきたのか。デジタルメディアが誕生したことで、大文字のモードは終焉を迎えてしまったのか、などなど。これらの問いに対し、ファッション、哲学、メディア論のさまざまな分野の研究者、アーティストが議論する本書が、「デジタルメディア時代のファッション」について私たちが依って立つ新たな視座の開拓に貢献することを願う。

図　これら議論が繰り広げられた日本記号学会第37回大会「モードの終焉？――デジタルメディア時代のファッション」の大会ポスターに使われた写真（撮影・デザイン　小池隆太）

第Ⅰ部

紙上のモード——印刷メディアと流行

序文　印刷メディアと流行に対する諸視座

佐藤守弘

ロラン・バルト（Roland Barthes, 一九一五―一九八〇）は、「モード雑誌を一さつ開いて見る」と『モードの体系』（一九六七年）を書き起こし、「モード雑誌」を「写真やデッサンで提示されている衣服、つまりイメージとしての衣服」と「記述され、ことばに変形されている」「書かれた衣服」でできていると述べた。[*1] その本が上梓されてちょうど五〇年の二〇一七年五月二十日、明治大学で行われた日本記号学会大会「モードの終焉？――デジタルメディア時代のファッション」の冒頭を飾る第一セッション「紙上のモード――印刷メディアと流行」では、報告者に平芳裕子（神戸大学）、小林美香[*2]（東京国立近代美術館）、大会実行委員長でもあった高馬京子（明治大学）、そしてディスカッサントとして成実弘至（京都女子大学）を迎えて、モード／ファッションと印刷――主に雑誌――メディアの関係について幅広い視野から考察を試みた。

バルトが指摘したように、十八世紀の終わりから現在に至るまで、衣服という三次元の物質は、マスメディアにおいてイメージおよびテクストというかたちで、さまざまに表象されてきた。流行――モード／ファッション――という目に見えない現象も同様である。マスメディアといってもさまざまあるが、ジェンダーや年齢、階層によって細分化される衣服の場合は、新聞やテレビのような不特定多数を対象とするメディアでは伝えきれないであろう。セグメント化して発信可能な発行

＊1
ロラン・バルト『モードの体系』佐藤信夫訳、みすず書房、一九七二年、一三頁。

＊2
諸事情のため、今回の論集に発表内容を収録することができなかった。

形態であってこそ、はじめて衣服の流行を伝えることができる。また雑誌の持つ定期刊行物という性格により、季節ごと、そして年二回のコレクション発表に対応することが可能となる。バルトの場合でも、本セッションでも、主要な考察対象は、モード／ファッションを伝達する雑誌であった。

本書において、第Ⅰ部の果たす役割は、デジタルメディア時代のファッションを考察するために、その前段階である紙メディアの時代を検証することにある。すなわち、衣服や流行が印刷メディアにおいてどのように表象され、どのように伝達されていたかを再確認し、「紙上のモード」を再考するとともに、デジタル化によって何がどのように変わっていくのかに関する展望も示したい。そのための出発点として、第Ⅰ部の筆者、平芳、高馬がともに議論の出発点としたのが、バルトによる分析であった。

まず「ファッション誌の技法――イメージ／ことば／設計図」で平芳が明らかにするのは、モード／ファッション雑誌――とくに十九世紀アメリカのそれ――が「イメージ」と「ことば」が互いに補い合うような関係から成り立っているということである。十九世紀のファッションに関わる「イメージ」といえば、いわゆるファッション・プレートが想起されるが、平芳が注目するのは、「パターン／型紙」すなわち衣服の設計図である。イメージ、ことば、設計図という仕掛けによって、どのように読者とのコミュニケーションが成り立っていたのかを考察するのが、このエッセイである。

次に「モード（Mode）を構築・伝達する言説――ゲートキーパー像と読者の審級の構築」で高馬は、一九六〇年代から現代――すなわち紙からデジタルへの移行期――のモード／ファッション雑誌を対象として、そこで使われる「ことば」を分析する。モード雑誌におけるコミュニケーションがどのようになされるのか、言い換えれば、扱われている衣服が「モード」であることをどのように納得させるのかを、受け手としてのモデル読者と語り手に権威を与える「保証人」を考慮に入れることで考察するのである。扱われる対象は、パリのオートクチュール（高級仕立服）が中心であった時代から、プレタポルテ（高級既成服）によってモードが多様化していく時代と、ＳＮＳがモードの形成に影響を与えはじめる二〇〇〇年以降で、それを二つの軸として考察がなされていく。

最後に、ディスカッサントであった成実は、セッションで行われた報告を批判的に評価しながら、ファッション・メディア研究の重要性をさまざまな課題を列挙して述べる。紙媒体からネットへと移行しつつある現在、上からの一方向的な啓蒙ではなく、「水平的コミュニケーション」へと変容していっていると指摘する成実が注目するのは、ストリートファッション雑誌、なかでもストリートスナップであり、そこでは印刷メディアである雑誌からＳＮＳへの連続性が垣間見られるという。この指摘は、第Ⅱ部の「ストリートの想像力」における議論への道を開くことになるだろう。

ファッション誌の技法——イメージ／ことば／設計図

平芳裕子

「紙上のモード」というテーマでお話しするにあたって、ここでは十九世紀のファッション誌がいかに「モード」を作り出してきたのか、その技法について見ていきたいと思います。とりわけファッション誌の構成要素であるイメージやことば、さらには「設計図」とも言うべき「パターン」に注目することによって、その特質について考察しましょう。

一　バルトのモード論から

「紙上のモード」の概要のなかで、ロラン・バルトの『モードの体系』[*1]の冒頭の一文、「モード雑誌を一さつ開いてみる」と引用されているように、バルトはファッション誌に書かれた「ことば」を取り出し、モードの衣服の生成構造を明らかにしました。バルトはこの記念碑的著作を出版する以前から、さまざまなテキストで服飾史批判を展開していました。バルトによれば、「服飾史は治世による歴史・時代区分に従って一着ごとの詳細な記述を試みたが、それだけにシステムの歴史を確立できなかった」と言います。そして『モードの体系』からはや半世紀がたち、ファッション誌を通して「モード」を研究することは珍しいことではなくなりました。しかしバルトのモード論に

＊1　ロラン・バルト『モードの体系——その言語表現による記号学的分析』佐藤信夫訳、みすず書房、一九七二年。なお原書の出版は一九六七年である。Roland Barthes, *Systèm de la Mode*, Paris: Éditions du Seuil, 1967.

も批判がなかったわけではありません。たとえばウンベルト・エーコは、バルトが厳密性にこだわることで視覚言語としてのモードの形態を取り上げず、モードの動態的コミュニケーションを考慮していないと批判し、「服装は生きている」と述べました。[*2]またバルトが分析の対象としたのは主にフランスのファッション誌『エル』と『ジャルダン・デ・モード』、それも一九五八年から一九五九年の一年間に限定された「ことば」です。「特定のモード」あるいは「モードの歴史」ではなく、モードの共時態から「モードというもの」が生成させられる言語の普遍的構造を解明したわけですが、バルト自身、研究対象としたコルプス（取り扱うべき範囲の資料の総体）から採集した（衣服の）種と類の一覧項目のリストは「かなり不安定なリスト」であると認めています。そして「新しい種や類を見つけて取り入れようと思えば研究対象のコルプスを歴史的にちょっと拡大するだけでいい」と述べています。

では今改めて、現代のファッション誌からモードの語彙を抽出し、バルトの方法論の有効性を検証すべきなのか？　というと、それは必ずしもアクチュアリティをもった仕事とも見えません。なぜならバルトの時代以上にイメージの優位性が際立つ現代にあっては、もはやファッション誌にはことばすら添えられず、さらには紙に印刷された雑誌のあり方は大きく変容を遂げつつあるからです。しかし私がここで指摘したいのは、バルトの方法論が「古い」ということではなく、それはまさしく二十世紀後半、パリのオートクチュールによるスタイルを、ファッション誌が旬のモードとして報道することで「ファッション」が成立していた時代に最も適合する理論であったのではないか、ということです。現代ではオートクチュール（高級仕立服）は必ずしもヒエラルキーの頂点にあるとは言えませんし、流行は高名なデザイナーやブランドが発信するものとは限りません。そして実に、ファッション誌自体もまた、歴史的に変化を遂げてきた媒体であり、言説空間としての閉

＊2　ウンベルト・エーコ「服装は生きている――モードの言語学」ジョルジュ・ロマッツィ編『モードは語る』大石敏雄訳、サイマル出版会、一九七二年

じられようも時代によって異なっています。ここでは、バルト以前の時代に遡り、十九世紀のファッション誌の成立の様相に注目し、ファッション誌と読者の関係を捉え直すことから、ファッションについて考えてみたいと思います。

二 「イメージ」と「ことば」――ファッション・プレートと解説

さて、バルトが「フランス」のモード雑誌を分析し、また世間一般にも「モードの都パリ」と言われるように、フランスは流行の中心地として君臨してきましたが、私は近年、アメリカのファッション誌の研究をしてきました。そしてその成果を『まなざしの装置 ファッションと近代アメリカ』（青土社）として出版しましたが、研究を始めた頃によく受けたおおかたの批判は「フランスの二番煎じでオリジナリティのないアメリカのファッションなど研究対象に値しない」というものでした。しかし私がアメリカに関心を持ったのは、スタイルの創造性という点ではなく、モデルの伝達と受容という観点においてです。平たくいえば、憧れのパリのファッションはいかにアメリカへ伝えられるのか、つまりイメージとしてことばとして流行はいかに受容され改変されるのか、そしてそこに働く力学とはどのようなものかということです。そして昔も今も、巨大なマーケットを背景とするアメリカのファッション誌が、パリのファッションを「権威」として下支えしているといっても過言ではありません。アメリカのメディアはパリのファッションを語り続けることによって、「モードの都パリ」にお墨付きを与えているのです。

とはいうものの、ファッション誌の起源自体は若いアメリカにあるのではなく、やはりヨーロッパにあります。大航海時代を経て、見知らぬ国の民族の風習や服飾を描いた図版が人気を博します。やがて諸国民の服装を描くだけではなく、各宮廷に流行する作法やファッションを再現した図版が現れます。各国各民族各階級のさまざまな服装を図示する服飾図版が、商業経済の発展とともに、季節の移り変わりや人々の嗜好に合わせて変化する装いを図示するファッション・プレートとして発展していきました。それが印刷技術の向上とともに、定期刊行物の誌面にも収められるようになります。それゆえ、服飾図版やファッション・プレートは、最初からファッション誌のなかにあったというよりも、版画集としてまとめられたり、初期の雑誌では女性誌に付録のような形で挿入されたりしていました。ファッション・プレートや流行にまつわるニュースが情報としての価値を持ち、雑誌の売上げに貢献できると出版者たちに認められるようになって初めて、ファッションに特化した専門情報誌としての「ファッション誌」が発展することとなります。

現代では身近なファッション誌ですが、十九世紀前半に雑誌を通して流行を知ることができたのは比較的裕福な階級です。まだ既製服がなかった、あるいは珍しかった時代、「ことば」による重要な説明のポイントは、布地とその種類、素材の風合い、色、装飾の具合、そして全体的なスタイルです。ドレス作りは布地を選んで買うことから始めたからです。そして新しい服をまるごと一着注文しなくとも、ことばによる説明を手掛かりに、色や装飾などを部分的に取り入れることでも流行に倣うことができました。しかし雑誌のなかのことばは装いを叙述することはあっても、読者の目を楽しませてはくれません。それらの服を着た女性の姿を描いたイラスト、つまりファッション・プレートが挿入され、流行の装いはより具体的なイメージとして読者に届けられることとなりました(図1)。ファッション・プレートにはしばしば簡単なタイトルや画家の名などが文字として添えられましたが、画面全体の雰囲気と調和を壊さないように目立たない大きさで配されています。ちなみに現代でも、十九世紀の女性誌やファッション誌を図書館や古書店で見ることはできま

図1　ファッション・プレートの一例（*Godey's Lady's Book*. 一八四一年三月号より）

すが、ファッション・プレートはあまり付いていません。マイクロフィルムやデジタルアーカイヴにもファッション・プレートのすべてが収録されているわけではありません。それは元の雑誌から取り外されてしまっていることが多いからです。ファッション・プレートは切り取られ、同じスタイルのドレスを仕立てるための見本としてドレスメーカーのもとへ持参されることもありました。あるいは、同じファッション・プレートが複数現存しているけれども、色味が違うという場合も見られます。手で彩色されていた時代、一つの色が切れると別の色で代用することもありました。また、ファッション・プレートは流行を再現したものでしたが、単なる情報のソースであるだけではなく、家庭内を飾る装飾品、すなわち「絵」のように鑑賞されるものともなりました。多くの女性たちはファッション・プレートを目当てに雑誌を購入したのです。

さて、このファッション・プレート。画家が下絵を描き、彫り師が版を作り、刷り師が刷り、彩色家が色を塗る。印刷の工程は徐々に進歩しますが、服を着た女性像のイラストレーションは、二十世紀前半まで人気を博しました。ファッション誌の紙面が大きく変化するのは写真の登場によること、それは誰の目に見ても明らかです。しかし、ここで写真はファッション・プレートに取って代わったのであって、それまでのファッション誌の体制そのものを変えてしまったわけではありません。私たちはここで、十九世紀中頃の女性誌やファッション誌に展開されていたもう一つの「紙上のモード」に目を向けてみる必要があるでしょう。

三　「製作の行為が示す跡」——設計図としてのパターン

ファッション誌は流行の装いをことばで語り、イメージで描き、読者に伝えました。これは言ってみれば、バルトが『モードの体系』のなかで分類した「ことばとしての衣服」と「イメージとしての衣服」と同様です。バルトはファッション誌のなかにこの二つの衣服を見出し、造形性や審美性をもった曖昧な「イメージ」を捨象して、分析を「ことば」にストイックにも限定するわけですが、同じ著書のなかで、バルトがもう一つの衣服、すなわち「現実の衣服」について語っていたことを忘れてはなりません。ところが、バルトはこの「現実の衣服」についてはそもそもの分析の対象から切り捨てます。なぜなら、「現実の衣服」は（見ようとしても）「たかだか一部分しか見えず」、どうしたって「ある環境における実地の着用状態を、ひとつの特殊な着こなしの例を見ることができるだけ」だからだと言います。この「現実の衣服」を作り出している構造は、「製作の行為が示すさまざまの跡」、つまり「物質とその変形というレベル上に成立している」と述べ、「現実の衣服」がもつ構造を「工芸的（テクノロジック）な構造」と呼びました。

もちろん、私はここで「現実の衣服」がファッション誌のなかに存在していると主張したいわけではありません。そうではなく、バルトの時代のファッション誌には、「現実の衣服」すなわち「製作の行為が示す様々な跡」に関わる符牒すらなくなってしまった、その現象に着目したいのです。衣服において「製作の行為が示す様々な跡」、その符牒とは何でしょうか。それは「パターン」です。ではパターンとは何でしょう。それは、服を作るために布地をどのように切るのかを示したガイドです。平らな布地を裁断して立体的な服を作るために、平面上に示された展開図、あるいは服を仕立てるための設計図の役割を果たすものです。実のところ、ファッション誌研究ではほとんど顧みられない「パターン」ですが、十九世紀から二十世紀にかけての多くの女性誌やファッション誌にはパターンが付いていました。つまり、雑誌は新しい流行の装いを伝えるとともに、読者が実際に流行を実現する手段を提供したのです。

＊3
一八三〇年から一八七八年の間、ルイス・A・ゴーディによりフィラデルフィアで出版され、十九世紀アメリカで最も人気を博した女性誌。

そもそもパターンの起源はこれまたヨーロッパにありますが、仕立屋の職業上の奥義で、一般的に流通するものではありませんでした。十九世紀のフランスでは元仕立職人のコンパンが若者の職業教育のために紳士服のパターンを紙上に公開しますが、彼の意図とは裏腹に、それは既製服発展のきっかけをもたらします。十九世紀前半にはすでにパターンの添付されたフランスのファッション誌が見られますが、面白いことにヨーロッパでは目を見張るような発達はありません。仕立屋や服飾店の歴史が長く、また古着屋も多く存在するパリでは、それほど需要がなかったのでしょう。

パターンが爆発的に流通するのは、服を仕立てようにもドレスメーカーが近くにいないような広大な国土をもつ「アメリカ」です。流行のスタイルと一緒に、それを制作するための情報も入手できるならばこれほど便利なことはありません。そこで、十九世紀中頃、都市の発展と中流階級の増大を背景に、女性誌にパターン情報が掲載されるようになりました。本誌の特集記事のなかに縮図として印刷される場合もあれば、付録として添付されるものも出てきました。では実際に例を見てみましょう。

図2は十九世紀アメリカの人気女性誌『ゴーディズ・レディズ・ブック』（*Godey's Lady's Book*）[*3]の特集に掲載された子供服のパターンです。パターンには装飾もついていて、できあがりの服の状態が想像しやすいようになっています。純粋な裁断線だけを求めるのであれば、このような装飾は邪魔ですが、それまでの時代の女性たちが手持ちの服からパターンを取っていたことを思えば、習慣に即した図であると言えます。一方、同じ時代の『フランク・レスリーズ・レディズ・ガゼット・オブ・ファッション』（*Frank Leslie's Ladies' Gazette of Fashion*）[*4]には、本誌の間に付録のパターンが添付されていました。紙面の数倍の大きさの紙が折りたたまれ、端が糊付けされたものですが、薄紙の表

＊4　一八五四年にフランク・レスリーにより創刊されたアメリカの女性誌。

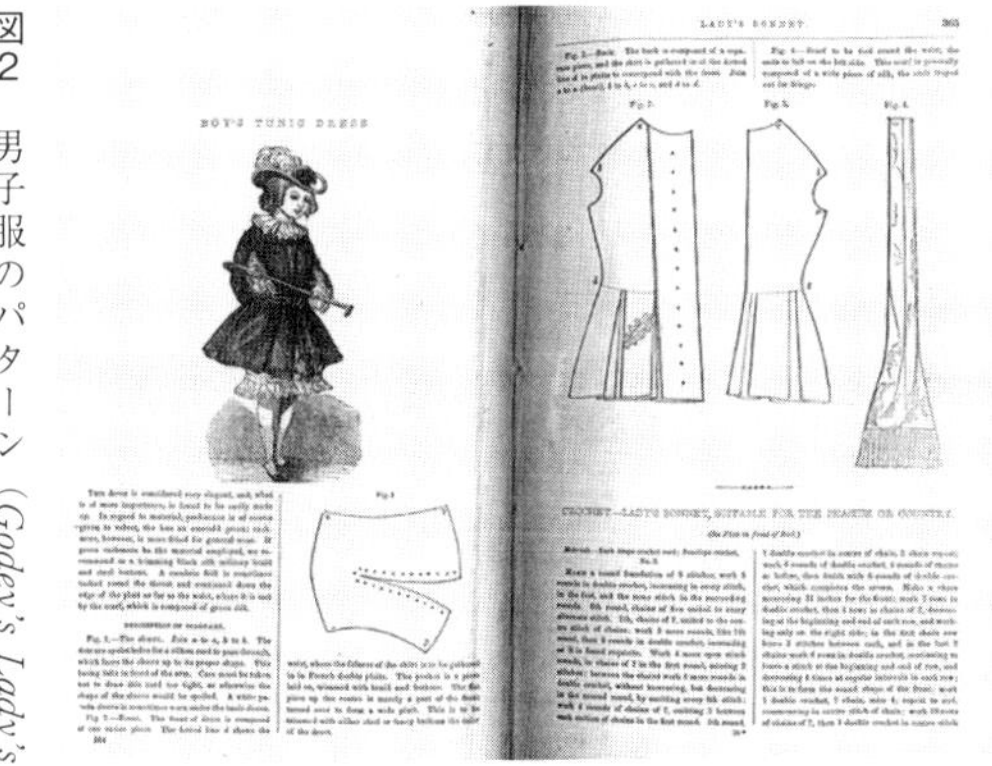

図2　男子服のパターン（*Godey's Lady's Book*, 一八五三年四月号より）

と裏にそれぞれ一着の服を作るためのパターンが数点ずつ印刷されています。基本的には実物大ですが、個々人の体型差や動作のための余裕は考慮されていないため、実際には調整が必要です。そして『フランク・レスリーズ・レディズ・ガゼット・オブ・ファッション』のパターンには、しばしば作者が示されているケースがあります。のちにパターン専門店を起こし、ファッション誌も創刊するデモレスト夫人[*5]のものです。

このように、十九世紀半ばの女性誌には、特集や付録にパターンが付くようになりました。パターンは画期的な手段でした。当時のアメリカにおいて裁縫は女子教育の基本であったために、女性ならばほぼ誰でも縫うことができました。しかし布地の裁断は知識と経験が必要な作業でした。女性たちは服作りをするときに手元にある服を参考にしたり、知り合いの器用な女性に裁断だけを頼んだり、ドレスメーカーに注文したりしていたのです。ここで、一目で裁断すべき布地の形を示したパターンは、女性たちが他人の助けを借りずに家庭で衣服を自作するための大きな助けとなります。それゆえに、パターンの普及は流行のスタイルの実際的な促進を意味していた、と言えます。しかし、誌面に印刷された特集を現代のわれわれが見ることは容易ですが、付録が現存しているものは数多くありません。ファッション・プレートと同様に、パターンは読者によって本誌から切り取られ、使用され、最後には廃棄されたであろうからです。

つまり、私たちが今日、目にできるパターンは使用されずに残ったものと言えます。十九世紀から二十世紀にかけて、莫大な量のパターンが生産されたにもかかわらず、現存しているパターンは決して多くありません。流行を取り入れる女性たちの振舞いが身体化されるとともに、物としてのパターンが廃棄されていったのです。十九世紀の後半になると、パターンはファッション誌に付録として付くだけではなく、パターン専門店による通信販売もさかんになり

＊5　服飾雑貨商デモレストの二番目の妻エレン・カーティス（Ellen Curtis）を指す。夫とともに服飾雑貨店（Mme Demorest's Emporium of Fashions）を営み、雑誌の出版（*Mme Demorest's Illustrated Quarterly Report and Mirror of Fashion*）やパターンの通販も行った。

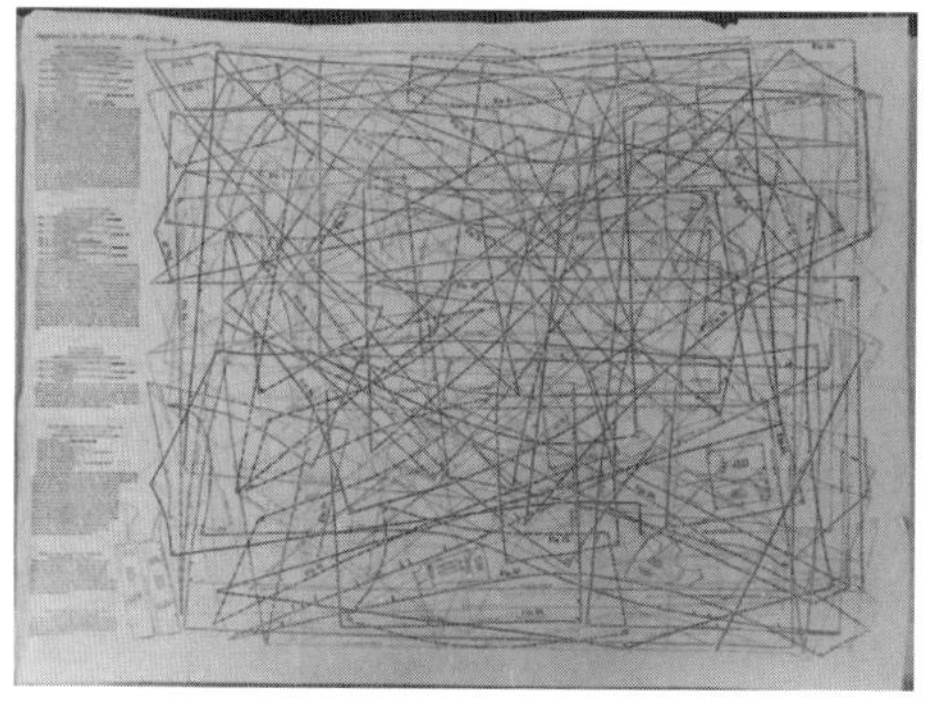

図3　*Harper's Bazar*（一八八二年）のパターン（Courtesy of the Commercial Pattern Archive, Special Collection.

ます。さらには、パターンとして紹介されるファッションも、多様となります。とくにパリに生まれたオートクチュール、すなわち才能あるデザイナーがスタイルを提案し、それを顧客の体型に従って仕立て直す注文服のシステムが生まれますが、この人気オートクチュール店のファッションがアメリカでもさかんに紹介されるようになります。

その様子を見てみましょう。たとえばいまでもアメリカの代表的なファッション誌『ハーパーズ・バザー』(*Harper's Bazaar*)[*6]の一八八〇年代のパターンを見てみましょう(図3)。A1サイズほどの大きな薄紙の両面にびっしりとパターンが印刷されています。服のアイテムは数点ずつですが、図のように、各アイテムを作るための二五以上ものパターンが重ねて印刷されています。それぞれの線は、実線や点線などで細かく区別されていますが、これほどのたくさんの線が引いてあると間違いも起きそうです。さて、このなかには実に、当時パリで人気のあったオートクチュール店ウォルトのファッションが含まれています。そしてこれは、同号の『ハーパーズ・バザー』の表紙で紹介されたスタイルでもあります(図4)。表紙のファッションと同じスタイルを作るためのパターンが、同号の付録として掲載されたのです。ではいったい、このパターンのどこにウォルトのファッションが含まれているのでしょうか。パターンの左端には説明が記されています。「ウォルトのマントル」と名付けられたそれは、三つのパターンからなっています。しかし複数のパターンが印刷されているため、この薄紙自体を切り取るわけにはいきません。まずはたくさんの線のなかから写し取るべき三つのパターンを見定めます。そしてパターンの上に薄紙や布地などを置き、これら三つの線を間違えないように注意深くなぞります。非常に根気のいる作業です。しかも、ただ写せばいい、というわけではありません。付録の大きさは本誌の紙面と比べると数倍

University of Rhode Island)(口絵図1参照)

*6
一八六七年に創刊され現在まで続くアメリカの有名ファッション誌。*Harper's Bazaar* とタイトル表記を変更したのは一九二九年である。

図4 *Harper's Bazaar* の表紙(一八八二年三月四日号)に掲載されたスタイル

ありますが、それでもその表面積は決まっています。そこで、限られた四角い紙面内に収めるために、実のところ、パターンはところどころ折りたたまれた形で印刷されているのです。つまり、折りたたみのラインに従って図を開き、その開かれたパターンに従って布を裁断する必要があるのです。パターンをたよりに布地の裁断を終え、各パーツを縫い合わせていけば、ようやく服が出来上がります。オートクチュールそのものでは決してありませんが、オートクチュールに倣う流行のスタイルをもつ服が出来上がるのです。ちなみに本物のオートクチュールはどのような感じだったのでしょうか？　このパターンのモデルによく似たオートクチュールが京都服飾文化研究財団に所蔵されています。袖のラインやフリンジの装飾具合がよく似ており、パターンの元となった同時代のファッションを示していると考えられます。

さて、このように、この一枚の薄紙のなかにはさまざまな衣服を作るためのパターンが多数含まれています。それぞれどのようなファッションスタイルのパターンが含まれているのか、非常に興味深い資料です。しかしその興味のポイントは、パターンを元に制作された服のスタイルにあるわけではありません。そうではなく、裁断線をなぞり、布地を切り取り、縫い合わせて服をつくるための道具であるパターンを女性たちが活用していた、すなわちパターンの読解能力を備えた女性たちが存在していたという事実にあります。果たして、いったいどれだけの女性たちが実際にこの『ハーパーズ・バザー』のパターンから服を作ったのでしょうか。残念ながら、その正確な人数を教えてくれる実証的な資料はありません。日常生活で服作りをすることのない現代の私たちの目からみると眩暈がするようなパターンですが、当時においてもこの『ハーパーズ・バザー』のパターンは他紙に比べてかなり高度なものでした。雑誌を購読していたすべての読者がこれを利用し、自分で服作りをしていたとはいえないでしょう。しかし、十九世紀の仕立服の時代、服作りが日常的に行われるなかで、『ハーパーズ・バザー』のパターンは、ファッション好きの女性たちにとって宝物のようなものだったのでしょう。一枚の薄紙のなかに、びっしりと流行のスタイルを作るための情報が収められているのです。十九世紀の『ハーパーズ・バザー』には副題が付いていました。それは"A Repository of fashion, pleasure and instruction"すなわち「ファッション、悦びと教えの宝庫」です。バザー＝市場に旬のもの、お気に入りのものを探しにいくように、ファッションに関するわくわくするような体験を、『ハーパーズ・バザー』は誌面で提供したのです。

さらに付け加えるならば、『ハーパーズ・バザー』はパターンを一方的に読者に提供していただけではありませんでした。雑誌には通信欄があり、そこで編集者は読者からの質問に応えていたのです。編集者の回答を見てみると、読者から頻繁にパターンに関する質問の手紙が寄せられていたことがわかります。たとえば、パターンの使い方に関して、あるいはパターンの種類に関しての質問が多く見られます。新しいパターンを要望する声もあったようです。手紙はただ一人の読者が編集部に送ったものかもしれません。回答も、最初に手紙の送り主の名前が記され、個人に向けた回答となっています。しかしその回答を多くの読者が見ることができました。手紙を送った読者たちは自分の質問に対する回答が掲載されているかどうか、あるいは手紙を送らずとも、編集部の回答から質問の内容を推測し、情報を共有することができました。通信欄は雑誌全体のボリュームからするとごく小さなスペースにすぎませんが、雑誌の作り手と読み手のコミュニケーションが繰り広げられていたことは見過ごすことができません。

四　伝達と命令、承認と共有

　こうしてみると、十九世紀のファッション誌は、イメージで読者の目を魅了し、ことばで読者を購買に誘い、パターンで読者を服作りへと向かわせていた、と言えます。雑誌は閉じた言説空間でありながらも、読者の行為を促す仕掛けであり、それを通して他者とのコミュニケーションが行き交う場であったと見ることができるでしょう。二十世紀に入り、ファッション誌のイメージの主流は写真となりますが、一方で、「型紙」としてのパターンは誌面や付録から徐々に消えていきます。パターンといえば、「型紙」というよりはむしろ「スタイル」、特に既製服のモデルを意味するようになります。衣服の製造技術の向上と女性の社会進出によって既製服が流通したこと、それとともに家庭裁縫の習慣が衰退し、家庭裁縫のためのパターンの需要も減少し、パターンはファッション誌からは消滅（もしくは独立）していくようになります。つまり型紙を扱うのは、パターン会社の通販やパターン専門誌、ソーイング雑誌に特化されていきます。

　バルトが「モード雑誌を一さつ開いてみ」た時代、流行のファッションはまだオートクチュールの花形デザイナーが発表する新しいスタイルから生み出されていました。既製服会社もドレスメーカーもオートクチュールの有名デザイナーの方向性に従っていたのです。二十世紀は、まさしくファッションデザイナーの時代でした。ここで、流行を伝えるメディアであるファッション誌、それも「ことば」として語り、モードとしての意味作用を発揮させ、情報としての価値を与えたファッション誌が大きな影響力を持ちえたのは言うまでもないでしょう。そしてバルトの『モードの体系』は、まさしくこのオートクチュールによるファッションを扱った著作です。しかし『モードの体系』が出版された頃、ファッション界にはプレタポルテ（高級既製服）[*7]が登場します。あるスタイルを個々人の体型に合わせて仕立て直すプロセスは省略され、あらかじめ規格サイズを一定量生産するシステムです。仕立あるいは縫製の技術よりもアイディアがますます重視されるようになります。このアイディアは必ずしもアトリエのデザイナーから生み出されるものとは限りません。匿名の個人による日常的な振舞いからすらも生まれてきます。社会現象となるような流行も生まれず、それゆえに主流に対するカウンターのファッションも効力を持たない。大量生産大量消費の時代を経て、あらゆる人々に既製服が普及し、情報としてのファッションも飽和状態にある今、衣服は着飾るためのものでも所有欲を満たすためのものでもなくなりつつあります。

今や、あるスタイルがモードとして伝えられるための条件は、ことばによってモードを発令するファッション誌にあるのではなく、液晶画面の上で明滅する「いいね」ボタンが示す同意や承認、共有の感覚に漂っているのかもしれません。もちろん、ファッション誌がなくなったわけではありませんし、ファッション誌が作り出してきたコンテンツ自体はウェブ上でも進化を遂げています。このような時代にあっては、私たちが再び十九世紀の雑誌読者のように、実際に布を裁断し服に仕立てることはないかもしれません。しかし、今日のファッションをとりまく状況は、バルトが「イメージとしての衣服はただ眺める」と言っていた時代よりもむしろ、十九世紀のファッション誌の時代に似ているのではないでしょうか。十九世紀の雑誌の読者たちがパターンを利用して服を仕立て、また服作りを通じて隣近所とのコミュニケーションが生まれていたように、今日のインターネットやＳＮＳをめぐるメディア環境においては、その使用者がファッションの生成に積極的に関わっています。この状況を、紙の限界を超えた、新しい時代のモード／ファッションと呼ぶことは、果たして妥当なのでしょうか。

＊7　一九六〇年代半ば頃から高級ブランドや有名デザイナーが「すぐに着られる服」、すなわち既製服を取り扱い始め、一般的に普及するようになった。

現代のメディアのあり方は十九世紀の雑誌メディアが果たした機能となんら変わりはない、と強弁するつもりはありません。しかし、ファッションをめぐる受け手側の参与が歴史的に存在してきた、ということは指摘しておかなければならないでしょう。当時としては最先端のメディアであった雑誌は、ただ一方的に情報を読者に伝える場であったのではなく、読者が積極的にコミットして、ファッションを生み出していく場でもあったのです。その意味でいえば、現代のメディア環境とファッションとの関係を「今までにない新しさ」と礼賛するのは素朴に過ぎるかもしれません。

モード（Mode）[*1]を構築・伝達する言説——ゲートキーパー像と読者の審級の構築

高馬京子

衣服は書かれてモードになる。
（ロラン・バルト『モードの体系』）

*1
本稿ではメディア上で表象され「流行」として伝達される衣服をモードとする。

はじめに

紙上のモード、すなわちモード雑誌は、〈イメージ〉と言説を用い、読者にそこに書かれているモードを、いかに「これはあなたが追うべきモードである」と信じさせようとしてきたのだろうか。これは、筆者がファッションブランドのPRとして衣服を「これはあなたが追うべきモードである」と信じさせるよう雑誌のファッション・ページに商品が掲載されるよう働きかけ、全国各地の読者からのその掲載商品への問い合わせに対応するなかで生まれた反省と問いである。この経験は、メディアが〈イメージ〉と言説を用いていかに「モード」という文化記号／表象を構築し、それを信じさせようとしてきたか、メディアの論証方法を言説分析、構築主義[*2]の観点から検討するきっかけにもなった。〈イメージ〉とカッコつきで提示するのは、言葉こそがバルトが用いる「投錨」という言葉の機能、すなわち、写真やデッサンで提示されている衣服という、イメージとしての衣

*2
フーコーの言説分析などを理論背景に、社会規範や制度や出来事が言語によって媒介され構築されているという観点。

服が「モード」であるという意味を限定するものと考えられるからである。本稿では紙上において衣服をモードとして構築・伝達し、読者を説得しようとするメディア言説の論証方法について検討し、いかにメディアが、営利目的から、そして社会を反映、増幅させながらモードを構築・伝達しようとするか、その方法の事例の提示を試みる。

この問いの検討には、「モード」という意味内容の構築のみならず、ロラン・バルトが『モードの体系』のなかで考慮しなかったと、関連性理論[*3]を提唱したスペルベルとウィルソンらも指摘する、読者への伝達方法も考慮する必要がある。本稿では、一九六〇年から、デジタルメディアもモードを発信するようになった現代まで、特にモードの「民主化」「若者化」が促進された時期に焦点をあてて、フランスにおいて大文字のモード（Mode）を提言するフランスのモード雑誌 *VOGUE PARIS*（以下『ヴォーグ』）と一般女性向けの（大文字のモードスタイルを拡散する機能がある）女性誌 *ELLE France*（以下『エル』）をいくつか事例に通史的に考察する。デジタルメディアの登場によってモードが構築・伝達される以前と以後では、紙上のモード構築・伝達においてなにが変わったのかについても検討したい。

*3 スペルベルとウィルソン（二〇〇〇）によって提唱された伝達・認知の関係について、コードモデルではなく証拠の提示と解釈による推論モデルを提唱した理論。

一、理論的前提

伝達を意図したメディアを考察する際に、「内容の構造化」「発話行為（伝達）」「枠組み（演出）」（Bonnafous ら 1996）を考える必要があるとされるが、それをモード雑誌に置き換えると何が言えるのだろうか。

流行が作られる場である、評判を稼ぐメディア、すなわちアーンドメディア[*4]は、確かに今日だと

*4 Earned Media. ＳＮＳやブログなどを中心に評判を得るメディアのこと（日経広告研究所 二〇一六：一二）。

デジタルメディアの普及により、直接消費者や読者の評判を直接獲得／もしくは構築することができるようになっている。しかし、マスメディア、紙媒体しかなかった時代は、まさにジャーナリストの評価を獲得し、メディア、特に「枠組み」としてのモード雑誌に「この服こそが流行なのだ」と暗示的／明示的に書いてもらうことが、「内容の構造化」、すなわち一枚の衣服を流行に仕立て上げる大きな手段の一つであった。本稿では、「紙上のモード」が伝達されるその変遷を、書き手が想定する「特定の適性を持つ人物像」としてのモデル読者（マングノー 二〇一八：五五）の審級と、「保証人」の審級の構築を中心に考察していく。

話者、その対話者であるモデル読者の審級は、フランス語の場合、日本語のように省略しない人称代名詞を用いて構築されることになる。主に使われるのは、「私たち」（nous）と「あなた・たち」（vous）、「私」（je）であるが、のちに見ていくように雑誌や時期によって、さまざまに使用されている。フランス語において「私たち」（nous）というのは、「「私」の集合体ではない。厳密な人称を超えて膨張し増大すると同時に、曖昧な輪郭を持つ私である」（同書：一五八）とされるように、複数でも単数扱いとして使われることもある。広告で使われる「私」（je）には、ローマン・ヤコブソンも述べてきたように同一化の役割があり（同書：一五四）、かつ語り手である「私たち」に読者を統合する命令の役割がある（同書）と指摘する。「あなた・たち」（vous）は、その意図を隠蔽した形で、動詞の現在形と結びつき命令、遂行業務を命令する役割がある（同書：一五三）。

また語り手の審級の構築であるが、クリスチャン・プランタン（Plantin）が提唱する「権威」[*5]やドミニク・マングノー（Maingueneau）らが提唱する発話者の身体表象、もしくは発話者の発話内で出現される世界にふさわしい、アイデンティティを与えられる「保証人」（同書：二〇九）が用

＊5　クリスチャン・プランタンは権威を用いた論証について、「権威の論証とは、確証の論証である。それは、次のような基準形がもつ論証における一つの結論Pを支える。つまり、pという結果が成立するのは、Xという発話者がpと言明したからである。というのも、Xはその分野の権威者だからである。権威の論証は以下のように二つに分類しなければならない。一つは、その主張の源泉となる人によって明示された権威の論証であり、他方は、言及した内容の説得を強化する目的で発話者が引用する権威である」（Plantin 1996: 80-81）と述べている。

いられよう。それぞれの雑誌の語り手が「これがモードである」という自らの提案を強化するために、それを語らせる権威者（自らであったり、だれか他の人であったりする）を、――直接的もしくは間接的なやり方で――引用してエートス（話者のイメージ）を提示するというものである。この人が言うから、やはり「この衣服はモードなのだろう」と読者を信じさせる役割を果たすのである。受け手を説得させるためには、権威というのは、一つの有効な装置である。またその権威は自らによるものだけではなく、「あの人が言ったからこれはモードなんだ」と引用という形で他者の権威に拠りながら、「この衣服がモードであるということ」の信憑性を読者に説得することもできよう。また、その書き手が支えとする権威のある人物、すなわちその書き手が伝えたいことを伝えるための保証となる「保証人」を匿名で引用することで、その論証の出元がわからず、書き手が「これはモードである」と提示した内容が「ドクサ化＝世論化」すなわち「神話化」され強化されていくこともある。このように、自然発生したかに見えるモードを暗黙裡に伝える装置ともなる「保証人」をどのように設定するかは、モードとしてその衣服を構築しそのモードを各地でローカライズし伝播させようとする目的、そして時代、空間といった諸条件によって異なってくるといえよう。では、実際にどのように衣服をモードとして構築し、それを「あなたに関与しているモードだ」と伝達しようとするためにどのような「保証人」が使われてきたか、いくつかの事例を手がかりにその変遷をみていこう。

二　資料体[*6]

考察する時期として、モード流行の内容、また伝わるメディアが大きく変化し、モードの若者

＊6
資料、文献などの訳は、断りがない限り筆者の訳である。

化、民主化が進んだといえる二つの時期、①パリ・オートクチュール（高級仕立服）が提言する一スタイルを流行として伝播していた一九六〇年代後半以前／以後のモードの多様化が推進されたプレタポルテ（高級既製服）の時代、②ＳＮＳがモード形成に影響を与え始める二〇〇〇年代後半以前／以後とする。考察する媒体としては、それぞれの時代に出版された世界的代表的高級モード誌『ヴォーグ』（一八九二年にアメリカで創刊、フランスでは一九二〇年に創刊）と一般向け女性誌である『エル』（一九四五年にフランスの出版社から創刊）を取り上げる。本稿では、事例として一九六五年三月のモード雑誌で発表されたオートクチュールであるクレージュのミニスカートを皮切りに調査を進める。その後、モードの多様化が推進されたとするプレタポルテが隆盛していく一九七〇年代以降は、各時代一〇年間のうちの前半（一九七三年、一九八三年、一九九三年、二〇〇三年、二〇一三年）を事例に一〇年ごとに、春夏のオートクチュールあるいはプレタポルテ・コレクション情報といったモードを紙上で発表する記事について、各雑誌三月号を中心に検討する。*7 そこで、先に挙げた「保証人」概念を中心に日仏のモード記事の事例分析を行い、大文字のモード（Mode）を構築・伝達する言説特徴の変遷を明らかにしていく。本稿においてこの大文字のモードとは、メディアを通して一スタイル／衣服が言説によって、象徴的なものである服飾流行、モードとして構築／伝達されたものを指す。

三　パリ・オートクチュールにおけるクレージュ旋風の時代

『ヴォーグ』

当時、ミニスカートは、一九六〇年代のロンドンを中心とするストリートファッションとして流

*7 分析資料の調査年月日が一九七〇年代の『エル』、一九八〇年代の『ヴォーグ』は一九七三年三月、一九八三年三月を調査しなかった理由としては以下のとおりである。本稿は二〇一七年に開催された記号学会大会での筆者の口頭発表に基づき論文にしているものであるが、当時の口頭発表準備のための調査実施を休日に行うしかなく、使用できる図書館が限られるなか休日開館されていた神戸モード美術館図書館所蔵の『ヴォーグ』と『エル』を調査させていただいた結果である。網羅的に所蔵されてはいたが、なかには抜けている号や閲覧不可の号もあり、本調査期間の基準に合致する号が見られない場合は、その前後の近いところを事例として考察した。大会での発表を忠実に原稿化するべく、口頭発表時の資料をもとに追加調査は行わず、原稿化することとした。神戸モード美術館図書館の皆様には資料閲覧に寛大なご理解をいただき、調査にご協力いただいたことに心よりお礼申し上げる。

行ったものの、それまでオートクチュールが牽引してきたエレガンスな女性像を覆す、そしてある種物議を醸しだすものとして、一九六五年にアンドレ・クレージュがパリ・オートクチュールとして提言したものである。このように、当時それまでの規範的なエレガントなモードとは異なる衣服をモードとして構築し、読者に「これはモードである」と伝達するにはどのような言説が使われたのであろうか。

最初に『ヴォーグ』においてクレージュのオートクチュール・コレクションのミニスカートが取り上げられたのは、一九六五年三月号の欄、「L'Optique 65」においてである。この「観点」という欄は、世界で名高いモード雑誌の一つである『ヴォーグ』が、パリ・コレクションの時期に今シーズンのモードはなにかを示す欄、すなわち「枠組み（演出）」である。この欄ではどのような言説を用いて、このクレージュのミニスカートを流行として紹介していたのか。以下に引用してみる。

〔…〕モードが大人世代を排除し始めた時代のクレージュの宇宙女性は、ディオールのニュールックのロングスカートが引き起こしたのと同様に神聖化され、一九五四年二月のシャネルスーツが引き起こしたのと同様に熱い論争を巻き起こす。〔…〕賛成か。反対か。〔…〕あまりに常識外れなので、ウィ、ノンでは定義できない〔…〕。

今日最も深い痕跡を残した哲学者の一人にメルロ＝ポンティがいる。「クレーが何よりも具象的に描いた二枚の柊の葉の絵がある。最初から解読不可能で、最後まで並外れており、信じがたく幻想的である。しかし、それは正確さゆえなのである」。このことは、クレージュのスタイルにも十分当てはまる。〔…〕「〔…〕マチスの女性は最初は女性ではなかった。女性になったのだ」。このことも、われわれにクレージュについて考えさせる。

このテクストにおいて、『ヴォーグ』が、当時、それまでクリスチャン・ディオールのニュールックが提言するエレガントで「規範的」とされてきたスタイルを逸脱するクレージュのミニスカートを、これはあなたが追うべきモードだと読者に訴えるため、編集者は保証人として、権威を借りる存在として、クレーやマチスについての批評を書いたメルロ＝ポンティを挙げている。クレージュの解読不可能性をクレーやマチスという芸術家のそれと共通するものとして、またクレージュを評価する編集者の立場をクレーやマチスを評価するメルロ＝ポンティと共通するものとして構築する。

また、クレージュのミニスカートを理解できる存在として、「われわれ／私たち」という先に述べた「同一化」を促す機能である人称代名詞を使うことで、読者の審級を構築し、読者も、メルロ＝ポンティや、編集者のように、クレージュのミニスカートを受け入れることができる存在となるよう誘われているのである。

『エル』

先の同時期である一九六五年三月四日号の『エル』の記事で、クレージュのミニスカートは以下のように紹介されている。

（あなたも）クレージュ・ショックを狙ってください。

『エル』では、このように読者に関係していることを強調するよう動詞の命令形が使用され、読者の審級が形成されるのである。

『ヴォーグ』のように、それがあなたが追うべきモードだと述べるときに、「これが流行だ」と伝えたい雑誌編集部がその支えとして保証人として権威を借りる存在は、メルロ＝ポンティなどを引用するのではなく、

ELLE／彼女は膝先を見せたい、広範囲にわたる流行はミニへ

のように、この流行を提示する権威者として、オートクチュールのモードを理解し、読者にその解釈を伝えるモード誌『エル』（*ELLE*）が明示される。またここで使用されているELLE（彼女は、というフランス語の主格である三人称代名詞）は『エル』の読者ではなく、自分、すなわちここでは読者と関係のない、第三者としてのELLE（彼女）を指しているとも考えられる。このように、オートクチュールの顧客と想定してない『エル』の読者に、オートクチュールの流行を牽引する第三者の消費者たち、そして雑誌を『エル』（*ELLE*）と指示する。このことは『ヴォーグ』のようにオートクチュールであるクレージュのミニスカートそのものを身に着けてもらおうとして提示せず、そこで提案されたミニスカートというスタイルを読者に追従させる広範囲にわたる流行として構築していることが読み取れる。

四　プレタポルテの時代

一九七三年前後の『ヴォーグ』と『エル』

一九七〇年代以降は、オートクチュールは、『ヴォーグ』一九七二年三月号に記載されているように、「以前のような一般向けの流行の源としてではなく、一部の特権階級の女性を着飾るという役割を再発見した」ものとして発表される。ついで、一九七三年三月の『ヴォーグ』の「革命」というタイトルの記事は、「パリは終わったというが、さまざまな国からのクリエーターを迎え国際的な影響を証明した」と言及しさまざまな外国のジャーナリストやクリエーターが集まり、パリはプレタポルテの中心であるとしている。ここで「これが流行だ」と伝えたい雑誌編集部がその論拠の支え、保証人として使うのは、このテクストの最後に自身の言葉であることを証明する署名をしている編集長、フランシーヌ・クレッセントという名前である。オートクチュールではなくプレタポルテこそが新しく、これから追うべきモードなのだという内容を構築し、伝達するために、ここでは読者に「もっと詳細を知りたいなら、マルティーヌ・ドゥブロックに電話するか、手紙を（あなたは）書いてください」という一言までも付け加えられている。ここでも読者の審級を「あなた」（vous）として構築し、「命令的に」実際に読者を新しい流行の源であるプレタポルテへと誘うのである。

対して、一九七四年九月九日の『エル』では、『ヴォーグ』とは異なりプレタポルテの購買層ではない読者に、その流行が読者自らに関与していると信じさせるために、「あなたを驚かせましょう」「あなたに夢を見させましょう」と、編集者、ジャーナリストを権威とし、購入者ではなく、プレタポルテに対して憧れる読者として構築している。このことがより確実なものとして構築・伝達されるのは、この記事の最後の箇所である。そこでは、「(プレタポルテのスタイルを）もうすぐ「プチプライス」で実現できるアイディアを紹介します」と記述することで、オートクチュールの時と同様、プレタポルテのスタイルを安く追従できる方法を紹介し、プレタポルテそのものではなくその流行のスタイルを、『エル』の読者に関連しているものとして構築・伝達する。このように、プレタポルテ中心にスタイルとしての流行が生まれ、民主化が推進されていったといえるだろう。

一九八三年前後の『ヴォーグ』と『エル』

『ヴォーグ』の一九八〇年二月号では、プレタポルテのそのシーズンの新しいスタイルを、「これが流行だ」と伝える保証人として、「パリ大学総長」が、また、一九八〇年三月号の特集「オートクチュール、私たちの文化遺産」においては、ゴンクール賞をとった小説家「ミッシェル・トゥルニエ」が、一九八一年二月号のモード特集では、「エマニュエル・ウンガロ」といったデザイナー自身が、それぞれの権威ある立場から「わたし」(je) という言葉を使うことで、それぞれの個人の意見として提言し、そこに掲載されている衣服を絶対的なモードとして構築・伝達している。

また、『エル』一九八四年二月二十七日号のオートクチュールの紹介は、写真も『ヴォーグ』と違いモードの細かなディテールが見えない構成となっている。さらには、このオートクチュールは「真似することのできないエレガンス」と、読者には真似できない、関与しないものとして暗示的に構築されている。また、同年三月五日号のモード特集では、プレタポルテ・コレクションを、「ELLE が好き」「ELLE がハイという」とピックアップしながら紹介し、『エル』が読者のモード選択に指針を与える権威者のように提示されている。また、『エル』では、安価で購入できるモードを紹介する特集記事として、「Bon Magique」が存在する。先に挙げた同号の『エル』において、プレタポルテのクリエーターのカール・ラガーフェルドの安価版のモードを掲載し、『エル』の読者にも関与的なものとして構築し、伝達している。このように、『エル』においては、オートクチュール、プレタポルテが牽引するモードのスタイルと並列し、それらを安価に追従できるアクセス可能な服も掲載することで、そのスタイルを大衆読者層に広めていこうとする姿勢が伺われるのである。

一九九三年三月の『ヴォーグ』と『エル』

一九九三年二月号の『ヴォーグ』では、すでに上記したようにずっと継続されている「観点 ヴォーグの視点」といったシーズンのモード傾向を紹介した記事タイトルに、「ローランス・ベナイムによる」と編集長の名前もタイトルのなかで記載されている。編集者自身がさらに前面的に立つ保証人として再構築されていく様子が伺える。また、その文頭で「ガリアノはお好き？ これは今シーズンの問いね」といったようなモード・ジャーナリスト業界のコレクションへの反応なども書かれる。また、ここでも読者をあなた・たち（vous）として暗示的にも提示することから、モード業界人である編集者・ジャーナリストと業界人ではない読者（あなた・たち／VOUS）を分け、「命令」というニュアンスを含ませる。そしてこのデザイナーの提案した衣服が今シーズンのモードなのだということを読者に説得するために、業界に精通している『ヴォーグ』編集長の語り手のイメージである権威のエートスが形成されることが読み取れる。

また、一九九三年二月十五日号の『エル』では、モデルであるクラウディア・シファーが名前入りでその表紙に登場する。当時フランスのファッションブランド、シャネルのデザイナーであったカール・ラガーフェルドの家で対談し、シャネルのモードをモデル自らが紹介する。このように、ファッションモデルが「この服が流行である」という『エル』が発信する情報の根拠、保証人として提示されるのである。[*8]

一九九三年三月の『エル』ではオートクチュールが紹介されたが、それまでと同様、権威者は個人の編集長名ではなく、あくまでも雑誌『エル』として、読者であるあなた・たち（vous）に紹介する形式を維持している。そして、オートクチュールでもアクセサリーなどドレスに比べるとまだ手の届くかもしれない高級品を紹介するなど、このブランドを流行として通常オートクチュールとは関係のない読者に購入可能なものとして関与づけて掲載しようとするのである。

五　SNSがモード形成に影響を与え始める以前・以後の時代

ここまでネットやSNSが登場・発達する前のモード現象について考察してきた。確かに、インターネット、SNSの登場によって「マスメディア、紙媒体は終わった」というコメントも聞こえてくるようになった今日ではあるが、実際インターネット、SNSが登場してから、紙上でモードはどのように構築・伝達されていったのか。日仏モード記事の事例分析を行い大文字のモード（Mode）を構築・伝達するモード言説の特徴を考察していく。

ドルベックとフィッシャー（Dolbec & Fischer 2015）によると、一九九四年から『ヴォーグ』のインターネット・オンライン版も現れ、また二〇〇七年からiPhoneなどのスマートフォンが登場し、SNSといった双方向発信メディアの使用も発達し始め、それまでモードを構築・伝達してきたとされる中心的存在であったモード雑誌という紙媒体のマスメディアが、デジタルメディアと共存するようになってくる。それによって、モード雑誌は、（フランスの新聞が翌日に掲載するコ

＊8　この傾向は、二〇〇三年一月六日-十二日号の『エル』にもみられる。例えば、イタリアのジョルジオ・アルマーニのモード特集記事で、「ジョルジオ・アルマーニの新しい喜び、ミラジョコビッチは自らのスタイルを発見する」のように、ここで、スーパーモデルは、デザイナーの名前より大きな字体で名前が入れられ、より読者にとって重要なモード情報を伝達する保証人として提示されている。

レクション速報とは別に）それまで紙上では、掲載準備で数カ月遅れでそのシーズンのモード情報の掲載号を刊行していたのが、瞬時に提示できるようになった。モードを発信するデジタルメディアも、デジタル・インフルエンサーによる評判を稼ぐという意味でのアーンドメディアとしてのSNSであったり、ブランドの所有するオウンドメディア[*9]としてのSNS、インターネットサイトであったり、またマスメディアのインターネット版（モバイルも含む）であったりと、モードを構築・伝達しているデジタルメディアといっても多様な目的を有している。このように、紙上でモードを構築・伝達するマスメディアとしてのモード雑誌は、モードをより早く拡散していくSNSやインターネットサイトといったデジタルメディアの企業のオウンドメディア、アーンドメディアと共存しながら、モード形成や伝達にどのような役割を担うようになったのであろうか。いくつか事例をみてみよう。

*9　Owned Media. 企業が所有するメディア（日経広告研究所　前掲書）。

『ヴォーグ』と『エル』二〇〇三年三月号

モード雑誌のオンライン版が登場してから十年近く、SNSであるfacebookが二〇〇四年に始まる直前の二〇〇三年の三月の『ヴォーグ』と『エル』を見てみよう。

『ヴォーグ』において保証人として挙げられるのはまず、『ヴォーグ』の当時の編集長カリーヌ・ロワトフェルドである。インターネットが発達し、瞬時にコレクション情報を発信できるようになったこの時代、モード雑誌が、そのブランド別のコレクションの新作情報をいち早く知らせることを目的にはせず（『ヴォーグ』では、パリだけではなく全世界のモードコレクション情報の総集編が別冊として二〇〇六年以来刊行されているが）、ゲートキーパー[*10]（Gatekeeper）（Bendoni 2017: 263）としての編集長のコーディネート提言というページがよりみられるようになる。例えば二〇

*10　本書一五頁の注6参照。

〇三年三月号の『ヴォーグ』のモード特集では、従来の規範的女性像とは異なる娘（FILLE）と指示される新しい（特に若さを強調する）タイプのモデルが提示される。そこでは編集長独自の「私たちの理想のワードローブ」と銘打ったブランドミックスのコーディネートが提言される。そして、「私たちのガードローブ」と「私たち」を使用し、読者の「私たち」の場を形成し、同一化させ、語り手と同じワードローブを目指すモデル読者を設定するのである。

その一方、全く違う保証人も新しく『ヴォーグ』は提示している。それまで登場してこなかったような無名の一般人――ここではマドモワゼル・アニェス（Mademoiselle Agnès）――が保証人として登場し、自らの気に入ったもの、手頃な価格の商品などを紹介している。このように、今までにないスターや有名人ではない個人が自ら気に入ったものを紹介するというのは、インターネットのブログや双方向メディアであるSNS上で多くみられる傾向でもあり、そのようなSNS的な紙面作りとなっている可能性も読み取れるだろう。

同時期の『エル』では二〇〇三年二月二十四日、三月二日号がプレタポルテ・コレクションのスペシャルモード特集である。ここでも『エル』が読者である「あなた」（VOUS）に提言するという「命令」形式は変わっておらず、『エル』という権威のある語り手としてのエートスが維持されている。そして各ブランド単体の傾向というよりは、『ヴォーグ』と同様複数のブランドを用いたコーディネートを紹介している。また「住所は、何ページを見てください。必要な情報はこちらに電話してください」と記載され、その掲載しているブランドそのものも購入できるモデル読者としての位置が構築されている。このように『ヴォーグ』と『エル』には、それぞれ歩み寄り的なモードの構築・伝達の仕方がみられる。

二〇一三年の『ヴォーグ』と『エル』

その十年後である二〇一三年三月の『ヴォーグ』という、通常プレタポルテ・コレクションが掲載されていた時期に刊行された号を見ても、先に見た傾向は強まっている。この号には、『ヴォーグ』の kindle 版の広告がすでに入っている。また、「エマニュエル・アルトによるヴォーグの観点」という記事タイトルにあるように、これがモードだと伝え、読者を説得させることができる保証人として編集長の名前がタイトルにも書かれ、ここでも独自のコーディネート方法が提言されている。一方、二〇一三年五月号には、二〇一九年一月現在でも『ヴォーグ』オンライン版では続いているファッション企画「一人の女の子、一つのスタイル」(Une fille un style) というさまざまな国の一般人女性の生活を紹介するページが掲載されている。先に挙げた二〇〇三年の号では、マドモアゼル・アニェスが一枚の写真を使ってモデルとして紹介されていたのに対し、二〇一三年の「一人の女の子、一つのスタイル」ページでは、SNSへの投稿記事を彷彿させる形ともいえ、「女の子」が自らの日常を写真で切り取り、それらが複数紹介されている。

また、先の『ヴォーグ』と同時期に出版された『エル』二〇一三年二月二十二日号では、春のモード特集が組まれ、「私たちのお気に入りの百ルック＋私たちの店のプチプライス」というタイトルがつけられている。ここに紹介されたモードが追うべき流行だと信じさせるための保証人は、非西洋出自のさまざまな三人のモデルである。有名メゾンが選び話題になった中国人モデルが着用するブランドの商品特徴とそのブランドの名前のみがキャプションで記載される。また、そのスタイルをどう安く表現できるのか、代替の安価な商品を紹介するページも掲載されている。そしてここでは、この号のモデルたちのように多様な「私たち」であろうモデル読者は、追従可能なこのモデルへの「同一化」に誘われるのである。

このように一九六〇年代のミニスカート・ブームから二〇一三年まで、約十年ごとの春のモードを紹介する記事を抜粋的に考察してきた。本稿で考察目的としてきた、モードを編集部が伝えるときに、読者に信用させるために設置する保証人も変化していったことが挙げられる。『ヴォーグ』では、六〇年代には、ミニスカートというそれまでと異なるモードを流行として説得する時に哲学者やら芸術家をその保証人として提示し、七〇年代には編集長、八〇年代にはパリ大学総長やデザイナーといったアカデミスムやモード業界など社会的に権威ある人を保証人として提示し、九〇年代にはスーパーモデル、そして二〇〇〇年代以降は、先に挙げたようにブランドを横断的に用いてコーディネートを提言する編集長、もしくはSNS投稿者のような一個人のライフスタイルとともにモードが紹介される。『エル』は一貫して編集部が保証人をたてず、直接読者に何が流行かを提言してきたが、二〇一〇年代には、非西洋出自のモデルがモードと、それを実現させるための「プチプライス」モードの両方を紹介するようになっていた。

このように、二〇一〇年代にはいって、SNSも本格的に使われるようになったことを背景に、『ヴォーグ』と『エル』の差が最初に見た一九六〇年代の時のような大きなものではなくなってきていることが見て取れる。また、SNSが発達したことで、モードの紙媒体も、内容や、構成や、そして編集部がこれが流行であると読者に納得してもらうために立てる保証人に一般人が登場するまでに変遷してきたといえよう。最後の事例として『ヴォーグ』二〇一六年九月号の表紙を見てみよう。そこでこの時代の流行を伝える保証人として表紙に置かれたのは、ここで「現在のスーパーモデル」と定義される、流行を伝える編集部の保証人として置かれた

図5　インスタガール・ジェネレーション（*Vogue Paris* 二〇一六年九月号）（© Mert&Marcus/Vogue Paris）（口絵図2参照）

「インスタガール」[*11]である（図5）。記事の紹介文として以下のように提示されている。

インスタガール・ジェネレーション

現代のスーパーモデルはあらゆる分野で君臨する。彼女たちはランウェイ[*12]をソーシャルメディアという個人の帝国へ広げるのだ。セルフィーや絵文字の一撃で、この新しい層は、記録的速さでモードの体系をショートさせる。

インターネット版のサイトができることによってコレクション情報の発信速度が変わったこと、またSNSの台頭により、アーンドメディアが編集記事のみならず、デジタル・インフルエンサーとされるインスタガールの投稿に拡大されたことを受けて、紙上のモード構築の仕方、また伝達のための保証人にも変化が見受けられる。また元は一般人であったインターネット、SNS上の「現代のスーパーモデル」たちは、紙上で紹介されることで、いまだけではない、マス向けのスーパーモデルとなっていく。モードを構築・伝達していくのは紙媒体かSNSか、といった二者択一的な議論ではなく、この二つが相互にそれぞれを取り込み共存しながら、「モード」現象を構築・伝達しようとしているといえるのではないだろうか。

＊11　『USヴォーグ』オンライン版二〇一六年十二月二十日の記事「ケンダル・ジジ・ベラとインスタガールの年」によると、インスタガールとは単なる新しいファッションモデルではなく、インスタグラム上で注目を集める仕事やそれ以上に注目を集める私生活を世界に向けて発信する存在として提示されている（https://www.vogue.com/article/2016-insta-girls-instagram-fashions-new-normal-kendall-jenner-gigi-hadid　二〇一九年四月一日閲覧）。

＊12　runway. ファッションショーでモデルが歩くステージ。

参考文献

Barthes, Roland, *Systeme de la Mode*, Seuil, 1967.
Bendoni, Wendy K., *Social Media For Fashion Marketing*, NY. Bloomsbury, 2017.
Bonnafous Simone, et Patric Charaudeau, "Le discours des media entre sciences du langage et sciences

"de la communication" in *La France dans le monde*, Paris : CLE International, juillet 1996, 39-45.
Dolbec, Pierre-Yann, and Eileen Fischer, "Refashioning a Field? Connected Consumers and Institutional Dynamics in Markets" *Journal of Consumer Research*, 2015, 41(6), Oxford University Press.
Plantin, Christian, *L'argumentation*, Paris : Seuil, 1996.
上野千鶴子編『構築主義とはなにか』勁草書房、二〇〇一年。
ジョブリング、ポール「記号学とモードの修辞的コード」平芳裕子訳、アニェス・ロカモラ／アネケ・スメリク編『ファッションと哲学』蘆田裕史監訳、二〇一八年。
スペルベル、ダン／ディアドリ・ウィルソン『関連性理論――伝達と認知』内田聖二ほか訳、研究社、二〇〇〇年。
日経広告研究所『広告コミュニケーションの総合講座――理論とケーススタディー』二〇一六年。
マングノー、ドミニク『コミュニケーションテクスト分析』石丸久美子・高馬京子訳、ひつじ書房、二〇一八年。

新しいファッション・メディア研究に向けて

成実弘至

序　ファッションの終わりに

近年、ファッションの世界では、業界紙『ＷＷＤ』[*1]が「ファッションはオワコン（終わったコンテンツ）か」と危機を叫んだり、日経記者が『だれがアパレルを殺すのか』という本を出して話題になるなど、ある種の終焉が語られている。ポストモダンの頃も同じような言辞をよく聞いたものだが、大きな変化を迎えているとき、そのなかにいる人びとは何かが終わったという意識を強く抱く。今日のファッション業界にもそれが起きているようだ。

テリー・エイギンスは、一九九九年に『ファッションの終焉』（邦題『ファッションデザイナー』）を出版した。これはカリスマ的なデザイナーが消費者に君臨していた時代から、マーケティングが市場を決定する時代へと、アメリカのファッション界が変化したことを描いたものだ。当時読んだときは「終わり」のニュアンスがぴんとこなかったが、いまの日本ファッションを念頭におくと、強い説得力をもって迫ってくる。

パラダイムシフトはファッションメディアにも押しよせており、これまで流行の生成に貢献してきた紙媒体＝雑誌は凋落し、電子媒体＝ネットが急速に擡頭してきた。学生と話していると、ファッション雑誌を読んでいる者はごく少数で、多くがインスタグラムなどＳＮＳを参考にしてネット

＊1　*Women's Wear Daily.* 一九一〇年アメリカでエドモンド・フェアチャイルドが創刊したファッション業界新聞。日本版はＩＮＦＡＳが週刊で発行する。「ファッションはオワコンか」は同誌二〇一七年一月九日号の特集。

ショッピングする時代になっている。雑誌の出版部数は低迷し、休刊するファッション誌があとを絶たない。この流れはますます進んでいくだろう。

ファッション雑誌は終わった——。しかし、そう結論するのはまだ早計だ。そもそも私たちは、印刷メディアがこれまで流行にどうかかわってきたのか、まだ十分に理解するにいたっていない。ファッションの潮目が変わったいまこそ、長い歴史を持つ「紙上のモード」について再考するタイミングが来たのではないか。その意味ではこのセッションは時宜を得たものであったともいえる。

ここでは「紙上のモード」セッションを聴いて考えたこと、そしてこれからのファッションメディア研究の方向性についての私見を述べてみたい。

一　「紙上のモード」から

平芳裕子、小林美香、高馬京子の発表は、大きくいえば、英米仏のモード誌を歴史的に研究し、ファッション雑誌が読者にどのような影響を与えたか、という主題をめぐっておこなわれた。

平芳はファッション・プレートやパターン（型紙）など、モード誌のメディアとしての多様なあり方に注目した。いうまでもなく、モード誌とはファッション情報を伝えるためのメディアである。かつてはイラストのほうが女性の優雅さやドレスの風合いを表現する技術として優れており、版画やポショワール[*2]が雑誌に添付されたこともあった。古い『ヴォーグ』を見ると、戦前までは写真より描画のほうが誌面の花形だったことがわかる。ファッション写真がジャンルとして確立するのは一九二〇年代以降のことだ。

平芳によると、日本の戦後洋裁期のように、かつてアメリカのファッション誌にも服づくりのた

＊2
西洋版画の技法の一つで、鮮やかな色彩を特徴とする。その高い芸術性から、十九世紀末から二十世紀初めのファッション・プレートに用いられ、特にポワレのカタログで有名。手間とコストがかかるため、やがて写真に取って代わられた。日本の版画や浮世絵からの影響が指摘されている。

めのパターンが掲載されていた。平芳は過去の『ハーパーズ・バザー』を調査して、チャールズ・ワースのようなオートクチュールのデザインが視覚イメージとしてだけでなく、自家裁縫のための設計図として伝えられていたことを明らかにしている。当時は印刷された複雑なパターン図を解読して服づくりをするリテラシーをもつ読者層があったのであり、彼女たちは高級なドレスは買えなくても、より安価に自作することで流行のモードを身にまとっていた。パリ・モードがアメリカに普及するのに、パターンというもう一つの印刷メディアがかかわっていたというのは貴重な指摘である。

二番目の小林の発表は、ファッション雑誌がどのように女性身体を表象してきたのか、歴史的に考察したものだ。小林によると、一九九〇年代以降アメリカや日本のファッション雑誌を中心にモデルや歌手、セレブらがマタニティ・ヌードになるブームがあった。それまでのファッション写真が妊娠や出産というテーマを表現することは稀で、むしろ痩身のモデルがほとんどだったが、妊娠を選択する女性たちのしなやかな身体や生き方に共感が寄せられるようになったことが背後にあるという。

ファッション・メディアは時代の身体規範をあらわす媒体である。一九三〇年代にはシュルレアリスムの影響を受けた断片的身体像が見られ、一九五〇年代はアヴェドン[*3]やペン[*4]がアメリカ黄金期のゴージャスな女神たちを絵画的な構図のなかに描き、一九六〇年代になるとベイリー[*5]やドノヴァン[*5]が隣の女の子を街の光景のなかで撮影した。

こうした女性身体の表象は時代の価値観を反映するとともに、美しさの規範を強要することにもなる。少女のようなツィギーの身体は痩せることへのオブセッションを女性たちに植えつけたことだろう。そう考えると、マタニティ・ヌードはどのような規範と結びついていたのだろう。人口減

＊3
Richard Avedon（1923–2004）第二次大戦後にファッション写真を撮り始め、一九五〇～六〇年代『ヴォーグ』『ハーパーズ・バザー』の黄金期を築き上げた。有名無名を問わずアメリカ人の肖像写真をとり続けたプロジェクトが有名。

＊4
Irving Pen（1917–2001）アヴェドンとともに戦後ファッション写真をリードした巨匠。ファッション、肖像、静物、どのジャンルでも、細部にわたって作りあげた完璧な構図と色彩の美しさは圧倒的。三宅一生と長年コラボレーションしたことで知られる。

＊5
David Bailey（1938– ）一九六〇年代ロンドンで、当時まだ珍しかった街中でのファッション撮影を敢行し、擡頭する若者文化の旗手として活躍する。アントニオーニの映画『欲望』の主人公のモデルとなった。

少社会において、女性たちに再生産への動機づけを与えようとしたと見るのはうがち過ぎだろうか（現在の日本の状況を見ると、うまく作用しなかったようだが）。

最後に、高馬はフランス版『ヴォーグ』『エル』などを中心に、モード誌がどのようにモードを構築し、読者へ伝達するのかについて実証的に検討した。

高馬は仏『ヴォーグ』がある服装を〈モード〉として構築するときに、女優、学識者、スーパーモデルらを権威の保証人として立てていたと指摘する。また、デジタルメディアの時代においてはウェブマガジンの編集長やインフルエンサーがその役割を担っているという。

モード誌の分析というとバルトの『モードの体系』が古典である。よく知られているように、バルトは雑誌がどうモードのシニフィエを作りだすかについての記号学的分析を試みたが、読者がそれをどう読んだか、そこからどんな流行につながったのかというレベルには言及しなかった。流行が現実に生み出されていく諸相について、厳密な学的手続きを取りつつ具体的に検証することはきわめてむつかしいからだ。結果として、バルトの分析は「書かれたモード」の水準にとどまっている。

高馬の分析もモード誌の言説のレベルで展開されている。たしかにモードという空虚なシニフィエを雑誌がどう構築し伝達したのか、重要なテーマではある。しかし、もう一歩踏み込んで、実際に書かれたモードが現実にどう影響したのかについても考察する必要があるのではないか。ファッション雑誌がなにかをモードにしようと喧伝しても、実際にそうならないことはいくらでもある。いや、ならないことの方が多い。そうであるならば、ファッション雑誌の読者の参与観察、あるいは路上のフィールドワークなどによって、書かれたモードと現実のモードがどのように交差するかを調査することで、新しい視界がひらかれることになりはしないか。

＊6
Terence Donovan（1936–1996）ベイリー、ブライアン・ダフィとともにスウィンギング・シックスティーズのファッション写真の最前線を切り拓いた三羽がらすの一人。

三人の発表は、流行を普及させる印刷メディアの多様性、ファッション産業が理想の身体像をどう構築してきたか、記号学の限界など、モード誌研究について多様な論点を提起するものとなった。これらの問題意識は、たとえば日本のファッション雑誌に応用したときに何が見えてくるのか、またデジタル時代のファッションをどう研究すればよいのか、あるいは最新流行の身体表象にどんな意味があるのかなど、これからのファッション研究を進めるための重要な視座を与えてくれることだろう。

二　ファッション・メディア研究はどこへ行くのか

ファッション・メディア研究は現在進行中である。

手元にあるものを見ても、藤田結子・成実弘至・辻泉編『ファッションを社会学する』、井上雅人『洋裁文化と日本のファッション』、富川淳子『ファッション誌をひもとく』、横井由利『モード誌クロノロジー』、今回の発表者である平芳裕子『まなざしの装置』などの書籍が出版されている。内容的にも社会学からのアプローチ、雑誌の現場から研究者に転じた著者によるもの、表象文化論からの分析など、ヴァラエティに富んでいる。

目を海外に転じると、D. Bartlett, S. Cole and A. Rocamora (eds.), *Fashion Media* や E. Shinkle (ed.), *Fashion as Photograph* や B. Luvaas, *Street Style* や M. Monden, *Japanese Fashion Cultures* など、それこそ枚挙に暇がない。もともと英米圏ではファッション・メディア研究が盛んだったが、近年ますます精力的に量産されているように見える。

今後さらなる深化を期待したいのは、日本のファッション・メディアについての研究である。一般に日本で最初のファッション雑誌は『アンアン』といわれてきた。ヴィジュアル重視の大型判型を開発し、型紙をつけずに店舗情報を入れるなど、現在のファッション雑誌の先駆的な取組みをおこなったからである。しかし、先述の井上雅人の著作によると、同様の試みはそれ以前からも他誌によって着手されていたという。洋裁雑誌との連続性も含めて、そもそも日本におけるファッション・メディアとは何なのかを、ラディカルに再考するべき時期に来ている。

　富川淳子はファッション誌は十八世紀フランスにはじまると述べているが、日本で小袖雛形本[*7]が出版されるのは十七世紀のことだ。小袖雛形本を雑誌や定期刊行物といっていいかどうかは定かではないが、最新モードのカタログ本ではあるので、少なくともファッション・メディアと呼ぶことはできるだろう。江戸時代の日本には欧米に先駆けて、貴族だけでなく町人衆を巻き込んだファッション・システムがあり、そこに印刷メディアが果たした役割は看過できない。そう考えると、日本のファッション・メディア史もまた新たな視点から編成することができそうだ。

　また、ファッション・ブログやインスタグラム、ウェブマガジンなどのデジタルメディアと印刷メディアとの連続と断絶というのも興味深いテーマである。

　現在のファッション・メディアは印刷からネットへと移行している。現在の若者たちは、従来のモード誌が得意としてきたプロによる写真や記事のような「上からの」啓蒙を好まない。むしろ自分と同じような感性のアマチュアの発信するブログやインスタグラムをチェックして、彼女らの身につけているアイテムを検索し、ネットショッピングするという購買行動が定着している。ここでは上から下へのトリクルダウンではなく、水平的な共感によるデジタル上のテイストカルチャー[*8]が生まれているのだ。

　このような水平的なコミュニケーションは前から存在していた。そのひとつはストリートファッ

＊7
江戸時代に出版された着物の模様カタログ。呉服屋が顧客に提示して注文を取るために出版した。十七世紀から十九世紀にかけて出された、一二〇種以上あると言われる。

＊8
社会学者ピエール・ブルデューによる「趣味」（グー＝テイスト）は階級的な卓越化のなかで構築される。サラ・ソーントンはこれを九〇年代イギリスの若者文化であるクラブカルチャーの分析に応用し、「テイスト」によるヒエラルキーを明らかにした。

ション雑誌であり、その中心となっているストリートスナップである。街にいる若者たちを撮影するストリートスナップは一九七〇年代にはファッション誌の取材記事として見られるようになり、『アンアン』『メンズクラブ』などでも定期的に特集されていた企画であった。しかし、当時雑誌のメインはカメラマン、スタイリスト、モデルらによるファッション写真であり、ストリート写真はまだ添え物にしかすぎなかった。

それが変化したのが一九九〇年代におこったストリートファッション雑誌の興隆である。とりわけ『キューティ』は「キッズコレクション」というストリート企画を定例化して、日本におけるストリートスナップの普及に貢献した。この雑誌は一九八〇年代にサブカルチャー誌だった頃の『宝島』からスピンオフした経緯をもつが、後者はイギリスのストリート雑誌『i-D』の影響を受けている。かつて『i-D』には街の若者たちを撮影する「ストレートアップ」という名物企画があり、これが「キッズコレクション」の元ネタなのだ。

またストリート雑誌だけでなく、『ポップティーン』などティーン向け投稿雑誌がファッション化していくなかで多くのギャル系ファッション雑誌も創刊され、読者モデルなど読者参加型雑誌が隆盛となる。さらに一九九〇年代後半になると、雑誌そのものがストリートスナップのみで構成される『フルーツ』が創刊され、これがイギリスに輸出されてその個性的な若者表象が注目され、日本の若者ファッションが広く世界に知られる契機となった。

ストリートファッション雑誌は、イギリスの雑誌からフォーマットを借りつつも、さまざまな流れが加わり日本独自の展開を遂げて、読者との水平的コミュニケーションを作り上げていった。なにより、印刷メディアの方法論がファッション・ブログやインスタグラムのコミュニケーションを用意したことを見逃すべきではないだろう。

ファッション・メディア研究の領域において、取り組むべき研究課題を思いつくままあげてみたが、印刷でもデジタルでもこれから研究するテーマはまだまだ多く残されている。

結　これからのモード

二〇一七年、ＬＶＭＨとケリングという二大コングロマリットがランウェイで痩せすぎモデルの採用を禁止し、モデルの健康に配慮すると宣言した。また翌一八年、ルイヴィトンはメンズコレクションのデザイナーにガーナ移民のアフリカ系アメリカ人ヴァージル・アブロー[*9]を起用している。近年の社会情勢を配慮してのことだろうが、欧米モード界が長年こだわってきた長くて細い女性身体、白人優位主義にも終わりがやってきたのだろうか。しかし、モード界がドミナントな身体を表象する特権をそう簡単に手放すとも思えない。これからファッション・メディアがどのような身体を表象していくのか、注意して見ていく必要がある。

現在の変化にたいして、どのように批判的に対峙していくのか。私たちはファッションとどうかかわっていけばいいのか。新しいファッション研究を出発させるためにも、ファッション・メディアの歴史研究から学ぶことは少なくないはずだ

＊9
Virgil Abloh（1980-）ガーナ移民の両親のもとにアメリカで生まれる。建築を学んだあと、フェンディで働く。ラッパーでデザイナーのカニエ・ウェストとのコラボが注目され、自分のブランド「オフホワイト」を設立。二〇一八年よりルイ・ヴィトンのメンズラインのアーティスティックディレクターに起用される。同ブランド初のアフリカ系のデザイナー。ストリートウエアのテイストが特徴。

参考文献

井上雅人『洋裁文化と日本のファッション』青弓社、二〇一七年。
エイギンス、テリー『ファッション・デザイナー』文藝春秋社、二〇〇〇年。
杉原淳一・染原睦美『誰がアパレルを殺すのか』日経ＢＰ社、二〇一七年。
富川純子『ファッション誌をひもとく』北樹出版、二〇一五年。

藤田結子・成実弘至・辻泉編『ファッションを社会学する』有斐閣、二〇一七年。
平芳裕子『まなざしの装置』青土社、二〇一八年。
横井由利『モード誌クロノロジー』北樹出版、二〇一七年。
Bartlett, D., S. Cole, and A. Rocamora (eds.), *Fashion Media*, Bloomsbury, 2010.
Luvaas, B., *Street Style*, Bloomsbury, 2016.
Monden, M., *Japanese Fashion Cultures*, Bloomsbury, 2014.
Shinkle, E. (ed.), *Fashion as Photograph*, Tauris, 2008.

第Ⅱ部

ストリートの想像力――HARAJUKU／SHIBUYA

ストリートの想像力

高野公三子・水島久光

「わき道」に入ってみようと。まっすぐメディアからメディアへ飛ぶのではなくて、われわれの生活世界の方に一度入ってみようと。そういう意図でこのセッションを企画しました。

というのも、われわれのファッションにとって、やはりストリートの存在は非常に大きいと思います。そういう意味では、いわゆる形をもったメディアから形が曖昧なメディアに変わっていく途中に、町とか都市という要素を入れてみるというのは、記号学会的にいってもありじゃないかと。記号学会が、東京で開催されるのも三年ぶりで、せっかく東京にいるならわれわれの身近な世界である街の話もしたいですよね、渋谷とか原宿を中心に、もちろん、そこから少し拡散するかも

水島久光氏

一九九八年は街の歴史の分岐点

水島　みなさんこんにちは。ここでは『アクロス』の編集長で、文化学園大学でも教鞭をとられている高野公三子(たかのくみこ)さんをお迎えして、「ストリートの想像力」というタイトルでお話をお伺いしたいと思っています。昨日のセッションでは、非常に濃密な議論が展開されました。全体として欧米の雑誌を中心に、時期的にはだいたい十九世紀から二〇一〇年代の、ファッションと雑誌の関係ができあがっていったプロセスが見えてきたと思います。しかし、そこから一気に、紙のメディアから電子媒体、あるいはネットワークメディアの社会へつないでいくのは、やや飛躍があるように思います。そこで、その間の橋渡しというか、少し

しれませんが。

そのテーマにどんぴしゃりの方が、高野さんというわけです。既にみなさんご承知かもしれませんが、一九七七年に株式会社パルコは、ライフスタイルとファッションをテーマにする雑誌『月刊アクロス』を創刊。一九八〇年からストリートの様子を記憶に残す「定点観測」のプロジェクトを始めます。高野さんは入社以来それを引き継いでこられました。『月刊アクロス』は二〇〇〇年以降、ウェブマガジンに移行して、今も積極的に情報発信をされていますが、その素材をベースに今日はいろいろお喋りしていこうと思います。

さて、今スクリーンに映ってますのが、渋谷・原宿一帯のグーグルマップです。ところで、皆さん、渋谷や原宿はよく行かれますか？（会場　笑い声）

僕は一九八〇年代、広告会社に在席していて、ちょうどこの明治通りの神宮前交差点から渋谷に寄ったあたりにキリンビールの本社があってそこに出向していました。いまキリンさんは中野に移られましたけど、よくこの辺でランチを食べたりとか、ヘアカットをしたりとかしてました。そういう点では、ちょっと僕にとってノスタルジックな場所なんです。で、こうやって、グーグルアースで上から見ると、意外に原宿と渋谷って近いなって思います。反対に、新宿は少し遠いんですよね。で、その距離感のなかに表参道や青山があったり、こっちに代々木公園があったりとか、一帯がファッションを生み出す街としてシンボライズされてきました。

でも「定点観測」してこられた高野さんにとっては、街は俯瞰じゃなくて人間の目線で見るという……。

高野公三子氏

高野　はい、そうですね。ではそのあたりから、写真を見ながらお話ししていきましょう。

「鳥の目、虫の目、魚の目」という言葉がありますが、私たちは、「人間の目と足」で街と人、ファッション&カルチャーを観察・撮影・記録しています。

一九九七年末〜一九九八年がストリートの転換

期であると考察しています。まずご紹介させていただきたいのはこちらです（図1）。

一九九八年五月に撮影したもので、今の「表参道ヒルズ」があるところです。九〇代後半は、若者たちが自由に街を使っていた時代で、路上にお店を広げ、フリーマーケットが連なった状態になっていました。私もここでジーンズを九〇〇円で買いました（笑）。

他に、似顔絵を描いて売る若者や、自分で作ったお洋服やアクセサリーに自分でタグをつけて、自分のブランド、いわゆる「インディーズブランド」として売っていました。

たまたま出会った上手な似顔絵描きさんがいて、センスも良かったので、後日、名古屋パルコの催事に声を掛けて、いろいろやっていただいて、今はかなり有名な内装設計のデザイナーさんとして活躍している人もいらっしゃいます。何が言いたいかというと、当時は、リアルな場、リアルな街が「メディア」として人が出会って情報が行きかって、たくさんのクリエイターが生まれた時代だった、ということです。

また、原宿、表参道だけじゃなくて渋谷の裏の方や、代官山とか中目黒とか、みんなが自由に街を自分のものとして使っていた時代でした。翌年に「ホコ天」がなくなったのですが、ここがひとつの分岐点じゃないかなと分析をしています。

図1　一九九八年五月、表参道にて撮影（口絵図3参照）

水島　一九九八年というのは、僕にとっても非常に記憶に残っている年で、広告やマーケティングの立場でいうと、電通が発表する「日本の広告費」では、この年がマス広告のピークに当たってて、そこからだんだん下がっていくんですね。ここまでは、マス・マーケティングは上り坂だった。この辺りから市場が混乱してきて、その後、電通は「日本の広告費」の統計の取り方自体を変えちゃって、単純に過去との比較がしにくくなった。実は僕も広告会社をやめた年なんですよね

高野　そうなんですか。実は、一九九八年は紙媒体の『アクロス』が休刊になった年で、そのあと休刊ブームがきて、五年ぐらいのうちにたくさんの雑誌がなくなりました。

水島　この写真を見ると、今は表参道ヒルズとかできて、ずいぶん整理されちゃったけど、この頃は結構ザクザクっと人が外に出てきている感じがしますね。

高野　ものすごい人でした。今も原宿は歩道が狭いので人がぎゅっとしているような印象を受けますが、「定点観測」では、ある地点を定点にして、毎月十三時三〇分―十四時三〇分の一時間、通行量を測定しているんですね。たとえば、原宿地点の十二カ月分を合計した数値で比較すると、一九九八年は三万八五五〇人で、二〇〇八年は三万九五四四人、二〇一八年は四万四一四八人でした。と、二〇〇〇年代にやや減少し、二〇一〇年代にぐっと増えていることが分かります。原宿系KAWAIIブランドとして世界的にも有名な「6%DOKIDOKI」が、裏原宿にある雑居ビルの三Fに初めてのお店をオープンしたのは一九九五年で、この一〇年代以降は、海外からの来店者で賑わっています。

水島　意外に歴史あるんですね。

図2　「街を歩く若者のファッションは顔そのものである」『パルコレポート』一九七六年八月号

「定点観測」は、いかにして始まったか

水島　街を歩く人のファッションを撮るっていう行為に興味があるんですけど、その辺はどういう経緯ではじまったのですか?

高野　一九六九年に日本で最初の〝ファッションビル〟としてオープンした池袋パルコに次いで一九七三年に渋谷パルコがオープンしたのですが、二店舗展開になったことで、翌一九七四年に、テナントのオーナー様向けに、全テナントの売上げやそれを解析する『パルコレポート』という『ACROSS』の前史ともいえる冊子が創刊されました。その一九七六年八月号に、前ページの写真（図2）のようなスナップがありました。

タイトルに、「街を歩く若者のファッションは顔そのものである」とあります。これが、『ACROSS』の定点観測の原点ではないかと思っています。

その翌年の一九七七年に雑誌『月刊アクロス』が創刊したのですが、テナントのオーナー様だけでなく、広く世の中に向けて情報発信していこうという動きだったと理解しています。

その後、一九八〇年八月に第一回目の「定点観測」という企画はスタートするわけですが、路上でファッション・トレンドをスナップする〝SNAP SHOT〟という企画がありました。街角スナップなんていう言葉が珍しい時代でした。のちに『FRUiTS』が大ブレイクする前史としての雑誌『STREET』が一九八五年に創刊された時は個人的にはセンセーショナルでしたね。[*1]

定義にもよりますが、いわゆる雑誌における〝路上スナップ〟の歴史を遡っていくと、『メンズクラブ』の「街のアイビーリーガーを探せ」という特集が最初でしょう。『メンズクラブ』の創刊は一九五四年。その特集は翌々年ぐらいのスタートだったと思います。

ＶＡＮの創業者石津謙介さんとか、当時の女優さんや、有名人の奥さまなど要するに業界の上の方、今でいうとセレブの方々のスナップはもうちょっと昔からありますが。

水島　なるほど、無名の人。モデルさんではなく

＊1　ヨーロッパのストリートファッションに感銘を受けた編集者青木正一が、一九八五年ストリートスナップ誌の先駆けとして月刊誌『STREET』を創刊。一九九六年には、原宿に集まる若者たちのファッションを記録する雑誌として『FRUiTS』を創刊し、写真を撮ってもらいたい若者たちに「青木待ち」の流行語を生むまでになった。しかし二〇一六年『FRUiTS』を休刊。その際「オシャレな子が撮れなくなった」ことを理由に上げ、注目を集めた。

て、普通に街を歩いている人ですよね

高野　そうですね。ただ七〇年代には街を歩いている人を探して撮影していたスナップ企画も、その後、「次号でスナップ特集をやるので何月何日に来てください」と事前に数人に声をかけたり、誌面で募集してオーディションのように撮影するものも増えていきました。効率いいですからね。そうすると、みんなとびっきりオシャレして気張ったスナップが目立つようになります。ひとことでスナップといっても、時代や場所によって全然意味合いが変わってきます。そのあたりは『ストリートファッション 一九四五－一九九五』という本にまとめてあります。[*2]

水島　僕が驚いたのは、一九七〇年頃の渋谷の公園通りって、今と全然違う。

高野　この写真（図3）を見ると、NHKが公園通りの下から丸見えですね（笑）。

街の変貌が人びとのファッションに与える影響は大きく、『ACROSS』編集部が「定点観測」を始めた理由のひとつは、その変化していく街を捉えるのには「人を見る」という視点が大切だというふうに考えました。大資本やディベロッパーが街をつくるのではなくて、「街を使う人たち」を観察しようと。そして、そこにはどんな新しい情報が乗っかっているのか、ということを理解しようと。パルコのファウンダーの増田通二は、当時、渋谷パルコの建設予定地を中心にして合計三カ所に家を借りて、順番に住んだと聞いています。

水島　「街を使う人」っていうのはいいですね。

高野　一九八〇年の八月九日、渋谷と原宿、新宿で毎月三チームに分かれて街頭を観察し、スナップをする「定点観測」が始まりました。ちょうど昨日も実施してきて、ものすごく暑くてたいへんでしたが、四三七回目となりました。通算三七年になります。

「定点観測」が毎月のレギュラー企画になる直前の、『月刊アクロス』一九八〇年三月号に、「定点観測宣言」という記事（図4）がありまして、ちょっと面白いと思って持って来ました。要約す

図3　一九七〇年代の渋谷・公園通り

＊2　「若者スタイルの50年史」のサブタイトルで発行された、戦後社会史の重要な記録。アクロス編集室編、パルコ出版、一九九五年。

ると、人びとが集まる都市、東京は、それぞれの人が持つ、いろんなイメージの場所があるけど、そして、それらは人の流れとともに毎日ちょっとずつ変わってるけど、それに気がつかない人が多い。そういう日々の移り行く街や人の記録をちゃんと取っておけば、例えば五年経って振り返ったら変化が可視化される。
　なんていうのか、その「虫の目」的な観察の継続から、表象されるものを読み解いていこうということを、言っているんですね。つまり、私たちのいう「定点観測」は、いわゆるよくあるファッションスナップとは異なり、〝路上におけるデプス・インタビュー〟なんです。ですから、ファッションについてだけでなく、それを入り口に、ファッション以外のことやインサイトも聞く。
水島　「定点観測」する街っていうのはこの原宿、渋谷、新宿の三つだった？
高野　基本的に三地点です。渋谷パルコを中心として見た時の比較対象としての原宿、新宿。時代やタイミングによって、全国のパルコがある都市や、鹿児島や長崎、シンガポールなどでも実施したこともあります。
　今もまさに、渋谷は開発ラッシュなんですが、「定点観測」を開始した当時もすごく変わろうとしていて。だから記録しましょう、きちんと自分たちで把握できるようリサーチしましょう、そういう視座を社内に対しても示していたんじゃないかなと思うんですね。
水島　ここで「カウントアイテム」っていう言葉が出てきますね。「定点観測」にとって大事なコンセプトだと思うんで、ご説明いただけますでしょうか。
高野　はい。ルーツは民俗学者の今和次郎の「考

図4　「定点観測開始宣言」『月刊アクロス』一九八〇年三月号

現学[*3]」の手法から来ています。「流行の数値化」です。

まず、事前にプレサーベイをして観察するテーマを決め、実査当日、スナップやインタビューの他に、十三時三〇分~十四時三〇分の一時間、カウンターを用いて、通行人中に占める割合を測定しています。

カウントすること＝流行の浸透具合を測定しているわけですが、それだけでなく、一時間、しっかり街と対象を観察することで、そこに表象される流行をしっかり把握することに繋がるのです。数値は、〝流行曲線〟でみたときに、流行りの最初のところなのか終わりなのかを確認することにもなります。例えば昨日の「定点観測」のテーマは、「女性花柄アイテム、花柄のロング丈ワンピース（またはローブ）」でした。観測地点は三カ所、三七年同じ場所、定点なんですが、そこで一時間、①女性通行人、②そのうちスカートを履いている人、③花柄のアイテムを着用している女性、④さらに花柄のロング丈のワンピースを着て

図５　2017年５月の定点観測のカウントアイテム「女性花柄アイテム、うち花柄ロング丈ワンピース（またはローブ）」

図６　2016年５月のズームアップ・アイテム「男女柄シャツ」原宿地点

いる人、あと⑤男性通行人、の五種類をカウントします。

今回（二〇一七年五月）の〝流行〟、「女性の花柄アイテム」に関しては、渋谷、原宿、新宿の順に、約一一・二%、約八・二%、約一三・〇%と、三地点平均すると約一〇・一%という結果になりました。しかし、「女性の花柄ロング丈ワンピース（またはローブ）」とテーマをもっと絞ると、渋谷は約二・八%、原宿が約二・〇%、新宿が約四・六%と、新宿地点で多く着用されていた流行であることがわかります。

実は、ちょうど一年前の二〇一六年五月に、「男女柄シャツ」というテーマで「ズームアップアイテム」として取り上げています。当時はまだカウントするまで量的には流行していないけど、兆しはありそうだな、という意味で取り上げたのですが、一年かけて、花柄を中心に流行になっていったことが確認されました。

つまり、これから先は増えるのか、もう今月がピークで来月は減っちゃうのか、っていうような視点で、毎月路上観察をしています。

一つひとつは小さなデータで、「なんだこれ」と思われるかもしれませんが、積み重ねていくと〝流れ〟、まさに流行がわかる。〝本当のトレンド〟はどこにあるのかも見えてくるというわけです。

水島　三七年間同じ場所っておっしゃいましたけど、どこですか？

高野　〝下位文化〟の代表ともいえる渋谷を中心に据え、渋谷に関しては公園通りを上がったパルコの前。新宿は、東南口の flags 前の広場。一九八〇年代から一九九〇年代の途中までは紀伊國屋書店のあるあたりが、いちばん人通りが多かったので、そこを拠点にしていましたが、南口や東南口が出来てからは、カウントは変わらずそこで実施していますが、撮影場

*3　今和次郎（一八八八－一九七三）によって提唱された、現代の社会現象を場所・時間を定めて観察的に調査し、世相や風俗、意匠や都市生活などを対象に「考古学」に倣って記述する方法論。

図7　一九八〇年八月第一回「定点観測」

所は移動しています。原宿は表参道の千疋屋前。カウント地点はかなり厳密に〝定点〟で行なっていますが、スナップやインタビューは、もうちょっと広範囲で行なっています。

水島　カウントって、通ってる人全員を相手にするってことですか？

高野　はい。赤ちゃんからおじいちゃん、おばあちゃんまで、すべてが対象です。インタビューは、テーマに該当する人のなかから何人かにお声がけして、お願いしています。当日は、各地点、お昼ごろからだいたい夕方五時ぐらいまでずっと街に立ってます。

八〇～九〇年代——情報発信拠点としての原宿・渋谷の誕生

水島　「定点観測」の記念すべき第一回カウントアイテムはポロシャツとツートンスカートだったということですが、懐かしいですね。さきほど一九九七～九八年が「街の歴史の分岐点」って話が出ましたが、八〇年代のはじめから、そこまでの変化をここでおさらいしてみませんか？　特に、昨日は雑誌が細分化されてるという話も出ましたが、雑誌と定点観測のスナップとの関係についても伺えたらと思います。

高野　そうですね。「定点観測」と雑誌のスナップの関係性にフォーカスすると、やっぱり『CUTiE』と『smart』、そのあとの『Boon』[*4]、それからインディーズマガジン、リトルプレスなど、紙メディアが自由に表現をしていた一九九〇年代半ばがポイントです。特に、当時ミニコミとかっていう親しみのある表現だったと思うんですが、そこから九〇年代を通して、いろいろなカルチャー面を代表する特徴ある媒体が多数リリースされ、支持されたことが挙げられます。いわゆる、一橋系、音羽系といわれる大手の出版社じゃないところ。宝島社がすごい勢いで伸びたのも九〇年代ですね。

　『CUTiE』の台頭はインパクトが大きくて、量的にも多かったからか、スナップページに載っている若者が街にふつうにいて、街と雑誌がとても

＊4　『CUTiE』は一九八九～二〇一五年の間、宝島社から刊行されていた女性誌。個性的な装いを提案し、一九九〇年代はストリートファッションの流行を支える役割を担った。宝島社は一九九五年に男性向けファッション雑誌『smart』を創刊。ファッションだけでなく音楽やエンタメジャンルもカバーし現在も安定した発行部数を維持。『Boon』（祥伝社）は『smart』のライバル誌。一九八六年の創刊当初は「男の一人暮らし」をテーマにしていたが古着ブームとともにファッション誌に。二〇〇八年休刊。

シームレスな感じになっていた印象があります。
「定点観測」を通してわかることの一つに、街を使う主役、〝アクターの変化〟があります。日本の場合は、特に九〇年代当時は、今に比べると外国人が多くなかったので、そういう意味での差異は「世代」という括りが有効になってくる。
「世代」が変わるとファッションやそこに象徴される価値観、いわゆるインサイトに変化が現れる。直前の世代が代表してた価値観を否定しながら、新しい世代が台頭する傾向にあります。例えばデザイナーズブランドやボディコンが人気だった一九八〇年代は、デザイナーのクリエイションに自身を重ねるような消費行動が目立ち、〝新人類世代（一九六〇年代生まれ）〟のインサイトの特徴を裏づけましたが、〝団塊ジュニア世代〟が主役になってくると違ってくる。彼・彼女らはデニムを軸に、古着からギャルブランドまでをうまく組み合わせるのが特徴。「定点観測」で取り上げるテーマも変わります。

水島　それが、いわゆる音楽だとか、そういうカルチャー全般とリンクしながら、さらに細分化をしていくのが、たぶんこのあたりの時代ですね。

高野　そうですね。「九〇年代は、ストリートカルチャーの時代だった」と共著の書籍で考察していますが、当時はクラブがすごく大きな影響をもっていました。その前はディスコだったんですけどね。かつてはその箱にナンパしに、あるいはされに行く感じでしたが、この頃はDJのパフォーマンスを目当てに行く。狭いし、そんなに華美じゃないけど、「YELLOW」とか、芝浦の「GOLD」[*5]っていうところがあって、ファッションデザイナーや美容師の人たちがそこを会場に、自分たちでショーをやったり、DJが主体となってアートイベントや音楽イベントを一緒にやる企画もあった。そして、「クラブカルチャー」はその後、ショッピングセンターやセレクトショップが出店していく郊外の発展へとつながっていきました。
　例えば今では有名なフォトグラファーのヒロミックス[*6]は当時、十条の小さなクラブでDJやって

＊5　九〇年代初頭、大音量スピーカーとDJ機材が備え付けられたバースペース（＝クラブ）を借りて、ハウスミュージックを主としたダンス音楽イベントを開催することが流行。人気を集めたのがCAVE（渋谷）、Club NEXT（西麻布）、GOLD（芝浦）、YELLOW（西麻布）、MANIAC LOVE（青山）など。二〇〇〇年代には流行は収束。

＊6　蜷川実花とともに、一九九〇年代の女性写真家（ガーリーフォト）ブームを牽引。荒木経惟のモデルとして写真と出会い、高校卒業と同時に応募した写真新世紀で一九九五年優秀賞を受賞。その後二〇年以上、自身もモデル、DJなどを続けながら「ガーリー」をテーマに活動している。

いたんですよ。音楽とファッション、アート、そういうものが切っても切れない時代でした。
　日本のDJが、ロンドンでプレイしたり。一九九〇年代はオモテの経済界では「失われた時代」とかいわれてますが、実は、ユースカルチャー全盛で、都心部と地方、さらに世界とも繋がっていました。
　今だったらもうネットで何でもできるし、容易に繋がることが可能ですが、この頃は実際に〝クラブに行く〟ことが大事で、それを媒介するのは、フライヤーを自分たちでデザインして、自分たちで刷ったり、自由でクリエイティヴなメディアでした。『FRUiTS』が創刊したのもこの時期です。
　九〇年代後半になると別の動きとして、コギャルとか、女子高生たちが目立ってきて、私たちも毎日のようにセンター街でインタビューしていました。原宿と別の意味で、渋谷もある種そういう聖地的な記号として成立するようになりました。

水島　いろんなグループがあって、いろんなスタイルや世代の違いもあるんですけれど、でもやっぱり原宿とか渋谷までは、「そういうものを見に行く」、訪ねて行く街みたいな感じになっていたということなんですかね。

高野　選ばれし者が載るスナップがまだ『CUTiE』のときにはあったんですが、『東京ストリートニュース！』や『Cawaii！』[*7]になると、もう見開きに百人ぐらいスナップが載っていて、クラス全部載るみたいな。なんていうんでしょう、メディアが今でいう自撮りと同じレベルの価値観になっちゃった。
　テレビ番組もそんな感じで、テリー伊藤さんがプロデューサーだったテレビ東京の「ASAYAN」[*8]など、オーディション番組が大人気になるなど、いわゆる〝下位文化〟がもてはやされた時代といえます。

水島　ここで、メインストリートではなく、裏原宿が出てきますね。このあたりが開拓されていったのも、九五年ぐらいですかね。ショップみたいなものがどんどんインディペンデント化、インデ

＊7
『東京ストリートニュース！』は学習研究社が一九九五〜二〇〇二年まで刊行していたファッション誌。高校生に絶大な人気があった。『Cawaii！』は主婦の友社が一九九六〜二〇〇九年の間刊行。コンセプトは「ギャル系女子高生」。多くの読者モデルを輩出。

＊8
テレビ東京で一九九五年から二〇〇二年まで放送されていたオーディションバラエティ番組（毎週日曜21:00-21:54）。小室哲哉やつんく♂などのプロデュースで多くのタレントグループを送り出した。

ィーズ化していって、それぞれの置き場所みたいなものが、原宿や渋谷エリアの路地裏に発見されていって、そこがまた聖地になっていくみたいなサイクルが、出てきたっていうことですか。

高野　大きくいうと、そうですね。コムデギャルソンとかも、始まりはマンションメーカーという定義下にあったと思います。もともと原宿から始まったもので、ここでは違う世代の、七〇年代生まれぐらいの人たちが中心になって、裏通りの民家だったり、雑居ビルの上層階の一室をそのままお店という自分たちの居場所をポツポツ作っていったと考察しています。

一方、明治通り（オモテ）がどんどん発展して地価が高騰していくと、そのウラも発展していく。〝裏原宿〟って最初に命名したのはたぶん『ポパイ』だったと思うんですが、そこからアンダーカバーとかいろんなブランドが生まれてまた表に出ていく、という動きがありました。

『ACROSS』編集部では、年に一回「渋谷大調査」と題した大フィールドワーク調査をみんなで実施していますが、一九九六年ぐらいでしょうか。オモテとウラという視点で、明治通りを介して渋谷と原宿が繋がった、という記事を掲載しています。

水島　裏の道を歩いて行くと別の町の大通りにポーンと出てきちゃうみたいな、渋谷と原宿が繋がった頃の感覚ってよく覚えています。青山から原宿も完全に裏で繋がって、ショップとかをめぐっているうちに別の街にワープするみたいな時代になったなって。

高野　人やお店の流れって家賃や地価との兼ね合いもあるんでしょうけれども。今は、そうですね、奥渋谷から神山町の奥のほうまで繋がって、さらに代々木上原とか西原まで広がっているように思いますね。原宿は、北参道や千駄ヶ谷までネイバーフッドが広がっています。

都市とリアルクローズとジェンダー

水島　この辺りで、一九九七～九八年の分岐点にたどり着くんですが。

高野　時代の分岐点という意味では、ここでグループも大きく二つに集約されたと考察しています。極端×単純という意味から、〝極・単〟スタイルと命名しました。男性も女性もセクシーに体のラインを出すグループと、隠すというか、どちらかというと身体をデフォルメすることを好むグループの二つです。

水島　セクシー系がちょっとマスメディア系の匂いがあって、マニア系がインディーズな匂いがある、みたいなことではなかったんですか？

高野　どうでしょう。セクシー系は、109が九五年にリニューアルをして以降、ぐんと二十歳向けにターゲットが変わって、和製SPA[*9]というか今でいうファストファッションともいえるギャルブランド全盛になり、マスメディアで注目されたという意味ではそうかもしれません。

一方、マニア系は、実は欧米のデザイナーズブランドとのリンケージがあり、〝アントワープシックス〟をはじめ、若手デザイナーズブランドへの注目が集まった時期でもあります。日本人では、シンイチロウアラカワや、ビューティ&ビースト、20471120[*10]（トゥオーフォーセブンワンワントゥオー）などがパリコレにデビューしたのもこの頃ですが、日本のマスメディアはファッションに関してはあまり取り上げないので、そういう意味では〝インディーズの匂い〟という見方も間違ってはいないように思います。

水島　九八年頃は、街もどんどん変わっていったわけで、オープンエアなカフェとかがいろんな街にできてきましたよね。つまり「外」が移動のための空間で、建物の中に文化があるという単純な認識ではなくて、その境界線が変化してきた。

高野　そうですね。パリの有名カフェが日本にいっぱいやってきた時期で、「カフェ・フルール」とかが原宿・表参道にできましたが、そういうオープンカフェが本当に賑わっていたので、『アクロス』では、「夜カフェ」という特集記事も掲載しました。

わざわざ夜に街に出かけて、呑み屋じゃなくて、カフェでお酒も飲んだりお茶したり、しゃべ

＊9
流行を採り入れつつ低価格に抑えた衣料品を、大量生産し、短いサイクルで販売するブランドやその業態。手頃な価格でお洒落を楽しめるとされる一方で、中国や東南アジアの衣類の生産を受け持つ途上国の工場や、ショップで働く従業員の人権問題、環境汚染などが問題として指摘されている。

＊10
いずれも一九九〇年代後半に人気を博した。シンイチロウアラカワは荒川眞一郎（一九六六－）によるライダーズファッション・ブランド。ビューティ&ビーストは山下隆生（一九六六－）デザインのブランド。アウター、トップス、ボトムスから靴、時計など幅広いアイテムで構成されている。20471120は、中川正博と阿世知里香（ともに一九六七－）によるブランド。大阪発原宿育ち。「ヒョーマ（HYOMA）」のキャラクターで知られる。

ったりする姿を〝見せる〟、〝見る、見られる〟というメディア空間になっていきました。西麻布や広尾などにもたくさんできたカフェですが、二〇〇〇年以降になると、渋谷を中心としたエリアに広がって、少しブームの様子も変わっていきましたね。

水島 さっきの高野さんのお言葉でいえば、決して九〇年代は失われた時代じゃなくて、いろんな変化が実はこのなかで起こってたんだっていうことを確認できるのが面白いですね。で、このあとは？ 懐かしいガングロは登場しますか？

高野 はい、そうですね。でもあの彼女たちが身につけていたいろんなアイテム、ウィッグですとか、つけまつげ、美眉、デザインサングラスなどは、今ふつうに浸透しています。

水島 ある種の誇張ですよね。開発はかなりパーツパーツで進んでいったっていう感じがします。

高野 マガジンハウスに『relax』っていう雑誌があって、一回休刊してその後また復活して、年に一回出すスタイルになっていますが、インディーズ系の雑誌っていうのがどんどんなくなった後に出てきたんですね。レディースでもないしメンズでもない。なんていうんでしょう、いわゆるユニセックスのカルチャーマガジンっていう新しいジャンル。当時ストリートでは、ジェンダーレスなファッションが人気で、リンケージしていたなと思います。

水島 この辺りから、スナップにカップルやペアで写る人たちが増えてきているように思うんですが。年齢の高い人と若い人のペア、母親と子供とかも。

高野 そうですね、路上で見た限りでいうと、九〇年代に流行ったものも七〇年代のリミックスだった。さらに二〇〇〇年代以降は、結構ノーマルでスタンダードな、いわゆるリアルクローズ[*11]が確立した時期だと考察しています。

水島 エイジングの考え方がちょっと変わってきたのが、この辺りの時代だったのではないかと思うんですが。

高野 「定点観測」の観察対象は、一九八〇年代

＊11 現実の生活で着ていられる質感をもった服。バブル崩壊後の一九九〇年代中盤以降、視覚的な斬新さの強調ではなく、日常生活とのフィット感が求められるようになり、注目された。二〇〇〇年代以降はエコ意識の高まりや自然体な生き方への賛同により定着。女性デザイナーが女性のためにつくる服なども、この流れにある。

は確実に二〇代がメインだったんですが、二〇〇〇年代以降はファミリー層へと広がっていきました。このころ初めて四六歳の方にインタビューしたんですが、それは四〇代以上の方たちが若者の流行を普通に取り入れるようになったという消費行動の変化が可視化された瞬間だったと考察しています。おそらく、ZARAとかGAP[*12]とかファストファッションの影響があるでしょうし、ユニクロの原宿店がオープンするなど外的要因も大きいと思います。

一方、二〇〇〇年代半ばぐらいに、エイジング感覚を「ジェロントロジー」[*13]という学問として扱うプロジェクトがメーカーの研究所などで立ち上がりました。そのあとに『HERS』という五〇代向けの女性誌が創刊され、さらにその後、美魔女ブームになっていったのですが、そういう流れの予兆が見られた時代です。

混沌からデータベース、セルフィーへ

水島　四〇代なのに女子って言ったり、大人で可愛くとかって、そういう言葉遣いってこの辺りから普通になってきましたね。ある種ちょっとハイセンスなというか。

高野　二〇〇七年っていろんなメーカーさんの売上げが〇〇年代のピークといわれているようです。翌年リーマン・ショックで、プチバブルが弾けたわけですが、小泉政権時、株価もちょっと上がってるときに、大学生のあいだで起業ブームがありました。「モテ系」や「ガールズコレクション」といったコンシューマー向けのファッションイベントが一般化し、読者モデルのような親しみ感のある女子がもてはやされ、〃みんなと一緒のものが欲しい〃という価値観が一般化しました。

水島　かつてのハイファッションの、いわゆるショーの世界があって、モデルさんがランウェイ歩くみたいなところから、ストリートの方に焦点を移して歴史を振り返って見てきたわけですが、そのストリートあたりの人たちが、今度はランウェイを歩いてるんですよね。なんだか、行ったり来たりしてる。不思議ですね。

＊12　ファストファッションの世界的ブランド　売上高はZARA（スペイン）が世界第一位　H&M（スウェーデン）が二位、GAP（アメリカ）は三位。日本のUNICLOは四位。

＊13　「老年学」と訳される学問。老いることに関わるさまざまな現象、医療や介護、社会保障や地域生活問題のほか、発達心理学から発展し、特に心理学的な立場から心と体の変化を捉える。

高野　それは代理店主導で、女子大生に編集長してもらって、女子大生マーケティングみたいなのがまたちょっと流行り始めたというような時です。

水島　一方で、ライフスタイル志向みたいな雰囲気も広がっていったのが二〇〇〇年代後半になりますか。

高野　はい。全世界的に「アートブックフェア」という、ZINEのイベント[*14]がすごく盛んになった時代でもあります。もともとポートランドとかベルリンとかニューヨークとかで開催されていたんですが、日本のバイヤーが買い付けに行ったり、逆にフォトグラファーが自分の作品をブックレットにして、売りに行くというような、個人が個人の作品をきちんとメディア化するような動きが出始めた時代で、日本でも開催されるようになりました。今も続いていて、外国人もたくさん来るイベントとして、上野の「3331」といったスペースをはじめ、毎年いろいろな会場で開催され、人気になっています。

その参加者の中心は団塊ジュニア世代、七〇年代生まれの人たちで、彼・彼女らはシンプルで、自分のスタイルがあるという。その後「ノームコア」と呼ばれる価値観をリードしていきました。

水島　この時代になると、今までのように世代ではあまり切れなくなって、ユニセックスもそうだし、かつていろんな傾向にバラついていたものがなんとなくみんな一緒になっていくみたいな感じになりますね。

高野　宝島社の『sweet』といういまだにいちばん発行部数が多いといわれている雑誌があるのですが、その理由のひとつに、ギャル系もストリート系もそれからコンサバ系も、みんな混ざったギャルミックスをターゲットにしているからだと考察しています。その背景には、二〇〇〇年代後半になり、欧米のファストファッションが本格的に進出してきて、国内外の通販ブランドも豊富になり、洋服に対する意識がすごく表面的なものに変わった時代がありますね。

水島　一方で、また逆に、コスプレエブリデイ[*15]と

＊14　ZINE（ジン）とは「個人で制作する冊子」。「magazine」（雑誌）が語源とされる。コピー機やプリンターで少量印刷。手軽に自分を表現できる手段として一九九〇年代にアメリカ西海岸を中心に流行。二〇〇〇年代以降、多くの配布・販売イベントが世界中で開かれ、関心をもつ人が広がっている。

＊15　気取らない通常の服装をベースとしたユニセックスなファッション・コンセプト。二〇一四年頃からメンズファッションにおいて広がり、過剰に飾らず、限られたアイテムでコーディネートを行うことが特徴。

いうコンセプトも出てくる。毎日自分を一つのマネキンというかメディアとして作りこんでいく子たちが現れていった。

高野　二〇一〇年代になり、九〇年代の生まれの子たちが、再び渋谷に限らず東京の街に増え始めました。インターネットの一般化で、基本的にデータベースじゃないですが、過去のファッションが、情報としてストックされているので、そのなかのスタイルの何かを選ぶ。ある日の「定点観測」でインタビューをした女の子が、「ファッションはランチタイムと一緒の感覚」だって言ったんですね。今日はイタリアンで明日は中華。ランチってそうじゃないですか。その感覚ってなんだろうって考えさせられました。自分でテーマを決めて宣言して、全身パッケージにして、普段と違う格好をする。

店頭でなんでも揃う時代の「みんなといっしょのマス消費」に対して、ファッションを非日常的なものとして捉え、「自己演出するアイテムとして服を選ぶ」価値観が再浮上した。それが二〇〇〇年代末から二〇一〇年ぐらいまで続きました。

水島　で、二〇一〇年代でメディアが変わってきた。街角スナップを人に撮ってもらっていたのが、今度は自分たちで撮るというセルフィーの文化が入ってくるんですね。

高野　そうですね、セルフィーの前にSNSがあって、最初はミクシィ。ミクシィはオフ会が盛んで、たとえば「6%DOKIDOKI」は、全国からミクシィで繋がったファンがお店に集まっていました。リアルな街に仲間で集まる。原宿だけじゃなくて、世界規模にまで広がっていきました。例えばサンフランシスコに、当時小学館資本の「ニューピープル」という、ジャパニーズカルチャーを紹介する小さな商業施設があったんですけど、そこでイベントやるっていったら、全米中から、レースフリフリの格好したティーンズたちが集まって大盛況。みんなで写真撮って、ブログにアップしたりしていました。

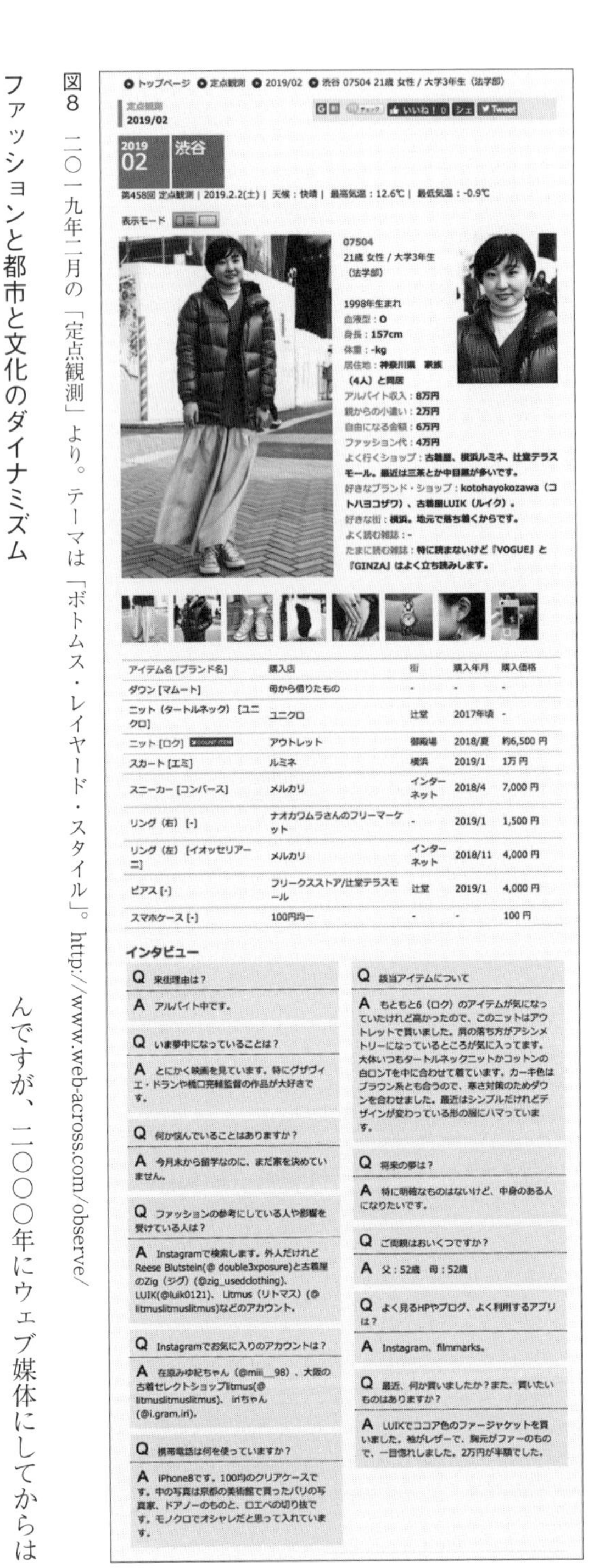

トップページ　定点観測　2019/02　渋谷 07504 21歳 女性 / 大学3年生（法学部）

定点観測
2019/02

いいね！ 0　シェ　Tweet

2019
02
渋谷

第458回 定点観測 | 2019.2.2(土) | 天候：快晴 | 最高気温：12.6℃ | 最低気温：-0.9℃

表示モード

07504
21歳 女性 / 大学3年生（法学部）

1998年生まれ
血液型：O
身長：157cm
体重：-kg
居住地：神奈川県　家族（4人）と同居
アルバイト収入：8万円
親からの小遣い：2万円
自由になる金額：6万円
ファッション代：4万円
よく行くショップ：古着屋、横浜ルミネ、辻堂テラスモール。最近は三茶とか中目黒が多いです。
好きなブランド・ショップ：kotohayokozawa（コトハヨコザワ）、古着屋LUIK（ルイク）。
好きな街：横浜。地元で落ち着くからです。
よく読む雑誌：-
たまに読む雑誌：特に読まないけど『VOGUE』と『GINZA』はよく立ち読みします。

アイテム名 [ブランド名]	購入店	街	購入年月	購入価格
ダウン [マムート]	母から借りたもの	-	-	-
ニット（タートルネック）[ユニクロ]	ユニクロ	辻堂	2017年頃	-
ニット [ロク] COUNT ITEM	アウトレット	御殿場	2018/夏	約6,500 円
スカート [エミ]	ルミネ	横浜	2019/1	1万 円
スニーカー [コンバース]	メルカリ	インターネット	2018/4	7,000 円
リング（右）[-]	ナオカワムラさんのフリーマーケット	-	2019/1	1,500 円
リング（左）[イオッセリアーニ]	メルカリ	インターネット	2018/11	4,000 円
ピアス [-]	フリークスストア/辻堂テラスモール	辻堂	2019/1	4,000 円
スマホケース [-]	100円均一	-	-	100 円

インタビュー

Q　来街理由は？
A　アルバイト中です。

Q　いま夢中になっていることは？
A　とにかく映画を見ています。特にグザヴィエ・ドランや橋口亮輔監督の作品が大好きです。

Q　何か悩んでいることはありますか？
A　今月末から留学なのに、まだ家を決めていません。

Q　ファッションの参考にしている人や影響を受けている人は？
A　Instagramで検索します。外人だけれどReese Blutstein(@ double3xposure)と古着屋のZig（ジグ）(@zig_usedclothing)、LUIK(@luik0121)、Litmus（リトマス）(@litmuslitmuslitmus)などのアカウント。

Q　Instagramでお気に入りのアカウントは？
A　在原みゆ紀ちゃん（@miii__98）、大阪の古着セレクトショップlitmus(@litmuslitmuslitmus)、iriちゃん(@i.gram.iri)。

Q　携帯電話は何を使っていますか？
A　iPhone8です。100均のクリアケースです。中の写真は京都の美術館で買ったパリの写真家、ドアノーのものと、ロエベの切り抜きです。モノクロでオシャレだと思って入れています。

Q　該当アイテムについて
A　もともと6（ロク）のアイテムが気になっていたけれど高かったので、このニットはアウトレットで買いました。肩の落ち方がアシンメトリーになっているところが気に入ってます。大体いつもタートルネックニットかコットンの白ロンTを中に合わせて着ています。カーキ色はブラウン系とも合うので、寒さ対策のためダウンを合わせました。最近はシンプルだけれどデザインが変わっている形の服にハマっています。

Q　将来の夢は？
A　特に明確なものはないけど、中身のある人になりたいです。

Q　ご両親はおいくつですか？
A　父：52歳　母：52歳

Q　よく見るHPやブログ、よく利用するアプリは？
A　Instagram、filmmarks。

Q　最近、何か買いましたか？また、買いたいものはありますか？
A　LUIKでココア色のファージャケットを買いました。袖がレザーで、胸元がファーのもので、一目惚れしました。2万円が半額でした。

図8　二〇一九年二月の「定点観測」より。テーマは「ボトムス・レイヤード・スタイル」。http://www.web-across.com/observe/

ファッションと都市と文化のダイナミズム

水島　「定点観測」のやり方にも、影響はありましたか？

高野　昔も今も質問紙を用いた対面式のインタビューのスタイルで、私たちが聞き手になってお話を聞き取るという形式が基本です。かつて紙媒体だった時はスペースに限りもあるので、インタビューさせていただいた全員が載ることはなかったんですが、二〇〇〇年にウェブ媒体にしてからは全員掲載するようになり、インタビュー内容もより詳細になっていきました。

　また、ファッションへの意識が一般化したことで、例えば桑沢の学生でもコンサバなファッションをしてたり、コンサバなスタイルなのに、実はものすごいアバンギャルドな服をつくるデザイナーさんだったりなど、二〇〇〇年代以降はファッションがアイデンティティを表現するものとは限らなくなった。だから、もっともっとインタビューがディープになっていきました。たとえば右頁図（図8）ですが、これでも、伺った内容をすべて掲載しているわけではないんですよ。

基本的に伺っているのは、プロフィールと当日着ているアイテムのすべて。ブランド名はもちろんのこと、いつ、どこの街の何というお店で、いくらで買ったか。当該テーマのアイテムをなぜ購入したのか。また、今夢中になっている事柄についても伺ってます。同じ質問を繰り返ししていくと、そこに得られる回答が時代の流れに合わせて変わるわけです。九〇年代生まれなのに、九〇年代に大ヒットしたジャミロクワイの新譜とか知ってて買ってたりする。お母さんとかお父さんの影響も大きい。方法論的には、いわゆるアクティヴ・インタビュー。一つの問いからその場で次の問いをどんどん発見しながら掘り下げて聞いています。

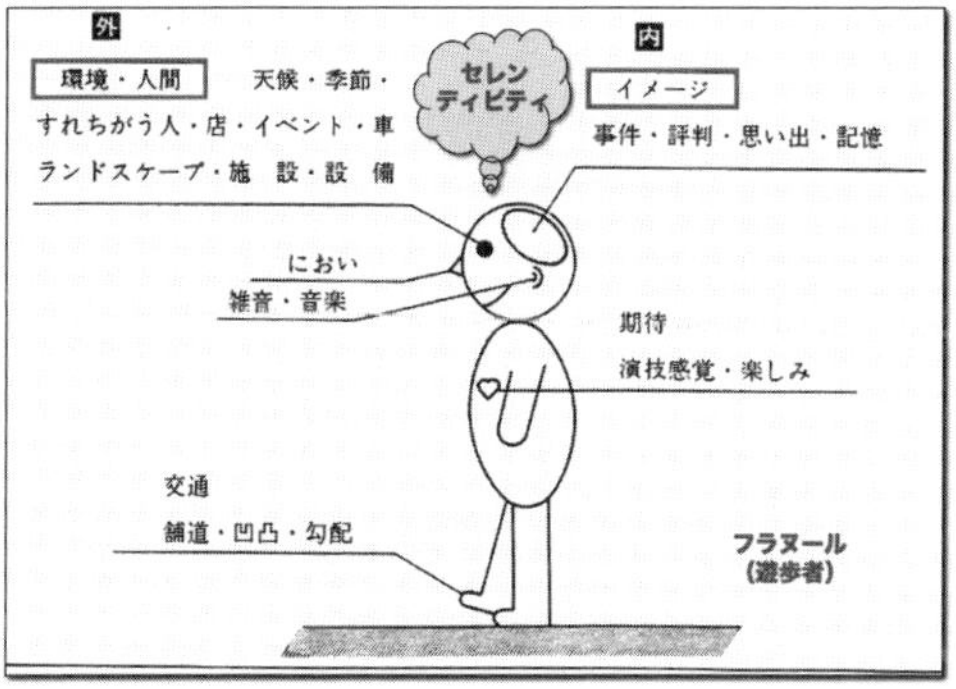

図9　街を歩いている人の街に対する評価項目（月刊『アクロス』一九八一年九月号）

水島　今の子たちって、昔に比べてよくしゃべるようになりましたか？　なんだか、自分のスタイルについて非常に饒舌に語ってるような感じがしますけど。

高野　それは人によりますね。一方では、訓練によってインタビュアーのスキルは上がっているとは思いますが。

水島　さて、ここまでずっと街とファッションの話をしてきました。街自体が自分を見せていると同時に人に見られていると同様の感覚で、「定点観測」も見ている人が見られてる人にインタビューするわけですね。ここに多分いろんな要素が関わってくるように思うのですが。

高野　八一年の九月号に、「定点観測」に関する特集記事（図9）があるんですね。最近、講演がある時にスライドの中に入れているんです。大した話ではないんですが、〝気づく力〟というか、街歩き、フィールドワークの効能というか、〝セレンディピティ〟っていう単語を私が加筆したんですね。なんかそういう、ものを見る力をつけるのには「定点観測」がすごく適している。そういう意味も込めて、情報のウチとソトっていうか、自分のウチとソトみたいなものを自由に相互交換できるように街を歩くという、それが都市空間だからこそできるということを概念化したつもりです。

水島　一九八〇年に渋谷と原宿と新宿で始まった「定点観測」の歴史を追っていくと、九〇年代あたりまではインディーズというかトライブ（部族）化が進んで、それが音楽だとかアートとかさまざまなカルチャーと合わさって、大きなうねりの一つになっていったんだけど、一九九八年ぐらいを分岐点にして、それが以前にあった世代を批判しながらやっていく感じじゃない混ざり方、動き方に変わっていったと、なんとなく整理できるかなって思うのですが、いかがですか。

高野　都心部の発展と、郊外への分散、渋谷的なるものが分散していったと考察しています。九〇年にユナイテッドアローズが創業して一号店が渋谷にできたんですが、今はもう全国各地、あと海外にもある。昔はそれが百貨店だったんですが、専門店が牽引して、都心と地方、郊外というものがある部分においては等価になっていった。ターゲットとしての年齢も幅広くなり、昔のような世代論とも違う、セグメント、情報リテラシーによる差異へと変わっていってるな、というのが特に二〇一〇年代の印象ですね。

水島　今直近に起こっているのは、どんな感じなんでしょうか。

高野　一九九〇年代の後半、もしくは二〇〇〇年代生まれが街の若者の主役になってくると、いよいよ世代で切れなくなっているように思います。お父さんが音楽好きだと、iPod のデータを一緒に聞いてるとか。親子セット消費も盛んです。あとハーフ／ダブルの人も増えている。スタイルが本当に多様になっています。

水島　世代で切れないとか、エリアで切れなくなってきたからといって、みんな均質になるわけじゃなくて、それぞれ人たちの感受性のなかで生きている。そういう雰囲気がこの一〇年ぐらいで出てきつつあるというのが、写真を見てきての印象なんですけど。

高野　こちら（図10）は、ある意味、編集部一押しの、歌舞伎町のラブホテルの奥にあるセレクトショップです。名前は「THE FOUR-EYED」。結構面積は大きくて、古着も扱ってるんですが、海外の若手のコレクションブランドも置いてあるんです。たとえば、ワンピースで一〇万円とかするようなものがあったり。コンテンポラリーなものが多いのですが、ちょっとニューヨークっぽいお店とでもいうんでしょうか。オーナーは、元々『FRUiTS』という雑誌の大阪でスナップを担当していたフォトグラファーなんです。

『ACROSS』で取材した際、当時は大阪のリアルな街でおしゃれな若者たちと、カメラを媒介にしてコミュニケーションをとっていたけど、もうちょっとファッションに突っ込んでビジネスをしたいと、歌舞伎町のこの場所を借りて、そこでリアルなコミュニケーションをはじめたと話してくれました。

図10　歌舞伎町のラブホテル街にオープンしたセレクトショップ「THE FOUR-EYED」(http://www.web-across.com/todays/srnrj2000048dwi.html)

メディアとしてスナップを撮るんじゃなく、リアルなお店でモノを売買するということを始めた結果、いろんな子たちが毎日集まっていて、高校生が普通に、雑誌とかカタログを図書室のように読んでいる。なんか「IT×ファッション」とか盛り上がっている一方で、リアルにちょっと新しい動きがまた起こっていて、その様子が若干九〇年代の感じと似てるなあと思っています。

水島　メディアのなかで起こっていることも大事ですが、東京の、そのファッションの中心と言われる渋谷原宿のこの三〇年を見ていくと、ある種ファッションに関わるアイデンティティの作られ方が、非常に大きく変化していると思えることがまず一点。特に、一九九八年以前は、世代だとか地域だとかで切れてたんだけれども、そこから先は、昔のものがリファーされたりとか、もう一回戻ってきたりとか、別のクラスの人たちがくっついたりだとか、同じ年代でも違う動きを平気でしたりとか、そういう動きが顕在化してきた。それは、渋谷や原宿の街の変化と関係あるんじゃないか。

　ちょっと空撮的に渋谷を見ると、今、激変してますね。グーグルマップで見ても、渋谷と原宿の関係だとか東急と西武とか、原宿の古い駅舎とか、この構造は三〇年基本的に変わんなかったんですね。これが壊されてる。高野さんたちが「定点観測」を始めて一九八〇年から三七年間、この辺りは同じ空間のなかで、微妙に小さなものがたくさん入れ替わってきたんだけれど、今はもしかすると巨大な変化が来ているのかもしれないなって思います。

高野　渋谷に限らず、街は大資本によってものすごく変化していますが、〝街を使う人たち〟はどうなるんだろう。そう思いながら、昨日も「定点観測」を実施したんですが、そのフィジカルな感覚からすると、案外そうでもないのかな、と思ったり（笑）。

　行きつ戻りつですよね。街が変化しても変わらないものもある。そういう小さなことを、ステレオタイプにならず、自分たちの目で観察をして、分析をしていくことが、実は案外これからも大切だと思ってます。

図11　『ACROSS』編集部は、二〇一七年に立ち上がったグーグル（ワールドワイド）社の非営利組織であるアーツ・アンド・カルチャー・インスティチュートが主宰するファッション・プロジェクト「WE WEAR CULTURE」に参加し、過去の「定点観測」の写真や解説を無料公開している（https://artsandculture.google.com/project/fashion-movements?hl=ja）。

クロスロード化するファッション

水島久光

1

二〇一〇年代前半のファッション・アイコンとして絶大なる人気を誇った「きゃりーぱみゅぱみゅ」が、最初にYouTube上で注目を集めたVP『PONPONPON』[*1]。そのなかで「原宿」は次のように歌われている。

あの交差点で　みんながもしスキップをして
もしあの街の真ん中で　手をつないで空を見上げたら
もしもあの街のどこかで　チャンスがつかみたいのなら
まだ泣くのには早いよね　ただ前に進むしかないわ　いやいや

（作詞作曲・中田ヤスタカ、二〇一一年）

*1　二〇一一年七月に発売されたきゃりーぱみゅぱみゅのデビュー・ミニアルバムのリード曲、日本を含む世界二三カ国のiTunes Storeで先行配信され翌年八月までに一〇〇万ダウンロードを記録。YouTubeでの再生数は一億四七〇〇万回を超えている（二〇一九年三月時点）。

「あの交差点」とは、言うまでもなく神宮前交差点である。「きゃりー」は、まさにここからチャンスをつかんだ。一九六〇年代後半、交差点を取り囲むように、セントラルアパート、コープオリンピア、そして東京中央教会が聳えていたこの一角には[*2]、欧米の空気感に憧れるクリエイターが集い、「文化の発信地」としての引力が次第に形成され、時代が下ってもそのパワーに衰えはなかった。「きゃりー」を育てた増田セバスチャンも中田ヤスタカ[*3]も、もちろん「きゃりー」も、それに引き寄せられて地方や郊外の町からここにやってきた人々の流れに位置づけられる。

その引力の源泉は実は敗戦にあった。明治神宮の聖域を上書きするように建てられたワシントンハイツ[*4]はまさにその象徴であり、オリンピックを挟んで表参道が国体崇拝の道からファッション・ストリートに段階的に塗り替えられた時間の地層が、「あの街」を育てた歴史なのである。そう思うと、半世紀後、「きゃりー」の『PONPONPON』が表象する「フラッシュ・モブ」的身体感覚が欧米のストリートのセンスに響き、Kawaii文化として輸出されていったとは、何とも不思議な因果である。

ファッションは、都市とともに育つと言われてきた。ニューヨーク、パリ、東京を比較する文脈、そして「ストリート」の台頭への注目。しかし残念ながらこれらはあまりダイナミックな「意味の交差」を生むことなく、それらを支える資本の階層性を再生産してきたように思う。それは都市を俯瞰する眼と、あくまで人の目の高さにこだわる心性が容易に「交差」しないことの鏡にもなっている。産業としてのファッションがそのなかに常に党派性・差異指向を抱え込まざるを得ないのは、見た目とは逆に、メタな「保守性」を体現してしまっているかのようである。

言葉を選ばずにいえば、「きゃりーぱみゅぱみゅ」のインパクトに「黄昏」が訪れるのは早かった。二〇一四年二月に発売された『ゆめのはじまりんりん』のVPの回顧的なトーンを契機に、「きゃりー」のキャラクターは徐々に消費しつくされ、宙づりにされていく。そして二〇一七年一月、大人になった彼女は再び「原宿」を歌う(『原宿いやほい』)。

＊2
いずれも一九五〇年代後半～六〇年代に建てられた神宮前交差点のランドマーク。東京中央教会は一九七八年にラフォーレ原宿の建設のための移転。セントラルアパートは一九九八年に解体。コープオリンピアのみが現存。

＊3
増田セバスチャン(一九七〇-)カラフルな世界観をヴィジュアルにする原宿のショップ「6%DOKIDOKI」のプロデューサー。KAWAII文化のリーダーの一人といわれる。中田ヤスタカは「ネオ渋谷系」と言われる音楽ジャンルの中心人物。自身のプロジェクト「CAPSULE」の活動を続けつつ、Perfume、きゃりーぱみゅぱみゅといったメジャーアーチストをプロデュース。増田は、きゃりーが「6%DOKIDOKI」の常連だったことから演出、美術を担当。またきゃりーが中田のイベントに参加して芸能界デビューを決意したとの逸話も。

＊4
現在の東京・代々木公園にあっ

た、兵舎・家族用居住宿舎などからなるＧＨＱの軍用地。一九四六年に建設され、一九六四年に日本国に返還されて取り壊されるまで存在した。

シャイになら　もう成り飽きた　踊ろう
ハイになれ　あの交差点から始まった
プリーズプッチャヘンズアップ　ワントゥー
キミの楽園まで　今　昇りたいの
原宿でいやほい　原宿でいやほい　とりあえずいやほい

（作詞作曲・中田ヤスタカ、二〇一七年）

この曲を初めて聞いたとき、モード（流行）としての「きゃりー」から、シンボルとしての「原宿」への、決別の歌のように感じた。とはいえ彼女は、きっとこれからもこの街で生きていくに違いない。でもどうやって？　「ハイになれ」「昇りたいの」「とりあえずいやほい」――。あ、彼女にはもう答えはないんだな、また時代のラチェット（歯車）が回ったな、と思った。

僕たちは、ファッションと都市と東京の関係を、「記号の戯れ」の次元でアナロジカルに処理してこなかっただろうか。オリンピックという嵐が、いま再びこの地区の風景を一新しようと身構えている。その前に、少しだけ、「街と人」の「見る―見られる」ダイナムズムを振り返ってみたいとおもった。

2

一九七七年創刊の『アクロス』が一九八〇年にスタートさせたファッション・レポート「定点観

測」は、渋谷、原宿、新宿の「明治通り」で結ばれた三つの街をフィールドにしている。しかしその眼差しは、あくまで「公園通り」を生み出したショッピング・ビル「渋谷パルコ」からのものであったという点は、押さえておかねばならないだろう。

北田暁大が『広告都市・東京』の主役の「ひとり」として描いた「パルコ」は、本来（彼が、「渋谷」を取り上げる前の章でモチーフに掲げた映画『トゥルーマン・ショー』[*5]と重ねるならば）自己言及的な劇場空間のオーガナイザーであったはずである。しかし、「パルコ」（『アクロス』）の人々は、愚直なまでに、これらの街を「装い、歩く」人を「捕まえ」「読む」ことにこだわった——神の眼を持つプロデューサー「クリストフ」が、トゥルーマンに対して徹底的な操作を駆使したにもかかわらず、最終的に、閉鎖空間であるシーヘブンからの、彼の脱出に対して無力であったことと、それは奇妙なコントラストをなしている。

セゾングループ解体後も「パルコ」が生き延びてきた（そして『アクロス』をウェブ化して「定点観測」を続けてきた）ことは、意外にも北田が捉えた「広告都市の生と死」よりも、「街」は、より大きなダイナミズムで回っていたことを示している。「完璧な世界は、創造できない」——クリストフの「目論見」は、そのしつらえのなかで「遊ぶ」ひとの存在を拒絶することはできないし、むしろ逆説的にいえば、「神」は常に失敗し続けるからこそ「神」たりえるのだ。

それは、マーケティングの論理そのものであるともいえる。かつて僕もその世界のなかにいたから、なんとなく実感するが、リサーチ（観察）とディベロップメント（開発）という対立する極を結ぼうとする行為である「それ」は、実はさまざまな思考の飛躍を容認せざるを得ない「隙間」をたくさん抱え込んでいる。この「隙間」こそが、「読む」べき対象であり、実はマーケティングと街の相似性を支えているのだ。だから「定点観測」には、「虫の眼」と「鳥の眼」が共存してい

＊5
一九九八年のアメリカ映画。ピーター・ウィアー監督、ジム・キャリー主演。保険会社の平凡なセールスマンが、さまざまな日常の出来事を通じ自分の人生が実は〝演出された作りもの〟であることに気づき、プロデューサーに反抗してその閉じられたスタジオ（シーヘブンという街のセット）からの脱出を図る物語。

る。

その眼によって捉えられた「原宿」は、特に「隙間」そのものであり、もともとターミナルと街道によって、初めから「都市」としてしつらえられた「渋谷」（そしてよりコンサバな「新宿」）のもの足りないところを、常に補い続けてきたと言える。表向きは情報発信基地としての「渋谷」は拡張と分散をつづけ、郊外を生み、地方に飛び火し、人々の流入を促し続けた。しかし実態は、空虚な部分を晒しながら肥大し続ける「街」には、栄養源としての「人」の補給が不可欠だったのである。だからある意味、「渋谷」（「新宿」）は「原宿」を模倣し続けてきた。

表参道から公園通りへ。裏原宿（ウラハラ）から奥渋谷（オクシブ）へ。ストリートは栄養を吸収するために、そのリゾームを伸ばしつづけて今日まできた。

3

「名前を付ける」――それはファッション・マーケティングにとってとても大切な仕事なのだと思った。ある時は「ブーム」という時間の関数で語り、ある時は「系」といった分類のロジックを働かせて。そしてその対象である「街」に引き寄せられる「人」も、まるで「名前をつけてもらいにきている」かのように、カメラの前に立つ。そうした協働が成立しだす、分岐点が一九九八年だった。今回の対談で、それが発見できたのは、大きい。それまでは、過去は記憶であったが、それ以降は「データ」になった。

こうした感覚を、やはり初期の「きゃりー」は的確に歌っていた（『ファッションモンスター』）。

だれかの　ルールに　しばられたくはないの
わがまま　ドキドキ　このままでいたい
……
感覚をとぎすませてキミのように
すいこまれてく螺旋模様みたいに
I wanna be free　ファッションモンスター

（作詞作曲・中田ヤスタカ、二〇一二年）

「ルールに縛られたくない」、でも「キミのように」なりたい。「自由」になりたい。でも「このままでいたい」――どうやらこの帰属と解放のパラドックスがファッション・マインドの本質のようだ。しかも、この感覚には一定の普遍性があることを知った。二〇一六年、アメリカNBCの人気オーディション番組「america's got talent」のステージに、ウクレレを持った一二歳の少女が現れ、オリジナル曲を歌った（『I don't know my name』）。

I don't know my name
I don't play by the rules of the game
So you say I'm just trying, just trying

（by Grace VanderWaal、二〇一六年）

翌年、ビルボードのライジング・スター賞を獲得することになるグレース・ヴァンダーウォールが、初めてモニターに登場したその時のパフォーマンスは、瞬く間にYouTubeで多くのファンにカバーされ、その歌声は「増殖」した。彼女もまた、大手モデル事務所と契約し、ファッション・アイコンへの道を歩みつつある。実は彼女、「日本のファッション・サイトをよく見ていた」と、来日時のインタビューで語っている（@Billboard_JAPAN）。

こういった不安と期待が交錯する「少女の感性」が、いろいろなものと出会っていく、その物語を僕たちは楽しんでいるのかもしれない。ファッションは文化としても、時代の鏡としても、産業としても、もちろん社会そのものとしても語ることができる。でも、そのチャンスは、それがどれだけ偶然性に開かれているかに支えられているのではないだろうか。

「あの交差点」には、もうセントラルアパートはなく、表参道ヒルズから降りてくる人々の姿は、すっかり変わってしまったかもしれない。でもやっぱり人々は、何かを見たくて＝誰かに見られたくて、ここに来る。ファッションを「定点観測」し続けてきた高野公三子は、「情報の内と外っていうか、自分の内と外みたいなものを自由に相互交換できるように街を歩く」と語った。そういう偶然の瞬間をきっと、あの「交差点＝クロスロード」は担保してくれるのである。

参考文献

ロラン・バルト『表徴の帝国』ちくま学芸文庫、一九七〇＝一九九六年

南谷えり子・井伊あかり『東京・パリ・ニューヨーク――ファッション都市論』平凡社新書、二〇〇四年

中村のん『70'HARAJUKU』小学館、二〇一五年

北田暁大『増補　広告都市東京』ちくま学芸文庫、二〇一一年

西谷真理子編『ファッションは語り始めた』フィルムアート社、二〇一一年
日本記号学会編『叢書セミオトポス9　着ること／脱ぐことの記号論』新曜社、二〇一四年

＊本章の歌詞はすべてＪＡＳＲＡＣの許諾を得ている。JASRAC 出 1904790-901

第Ⅲ部

デジタルメディア時代のファッション

デジタルメディア時代のファッション

須藤絢乃・大黒岳彦・吉岡洋・高馬京子（司会）

高馬　お待たせいたしました。それでは第三セッションの「デジタルメディア時代のファッション」を始めさせていただきたいと思います。第一セッションでは「紙上のモード」ということで、どんな風にファッション雑誌のなかでファッションが作られてきたのかということ、伝えられてきたのかということを、佐藤守弘先生の司会、そして今日も来ていただいております成実弘至先生をコメンテーターとして、議論しました。問題として、マスメディアとデジタルメディアはいかに共存できるのか、という問いも出てきましたし、インターネットが出来たことで本当にファッション、モードは終わってしまうのか、それとも、ネットによって民主化したのか、という問いも出てきたと思います。

第二セッションでは、先ほど高野公三子先生にたくさんの写真を見せていただきながら「ストリートの想像力」ということで、水島久光先生の司会により、さまざまなストリートファッションのお話を聴かせていただきました。「ストリート」と一言で言っても、時代によってもいろいろな側面があると感じましたし、とくに私が質問をしたかったことは、ちょうど紙のメディアとデジタルメディアとの関係でもそうなんですけれども、一体どっちがどっちに影響を与えているのか、ということでした。つまり、マスメディアの「紙上のモード」がそのローカリゼーションとしてストリートのなかで現れているのか、そうではなくて、本当にゼロからファッションがストリートで新しく生まれていて、それがマスメディアによって正当化されていくのか。あとで機会があれば高野先生に質問させていただきたいと考えつつ聴いていました。

そして、この第三セッションのテーマは「デジタルメディア時代のファッション」です。これまでずっと議論してきましたように、デジタルメディアの到来とともに、ファッションを取り巻く環境はかなり変わってきています。そこで、三人の専門家のみなさまにご報告いただきまして、議論を進めていきたいと思います。

それでは、このセッションの報告者をご紹介したいと思います。まず最初はアーティストの須藤絢乃さんです。須藤絢乃さんは、二〇一四年度の「写真新世紀」でグランプリを受賞されまして、一躍注目を浴びられた写真家でいらっしゃいます。たとえば、自分がさまざまな「何々系」に成りきるような「メタモルフォーゼ・シリーズ」や、各都市で撮影した老若男女のポートレートに自身を重ね合わせて、人が持つイメージの曖昧さというものを作品化した「Autoscopy」などアイデンティティの横断をコンセプトにした作品を多数発表されていらっしゃいます。

二番目の登壇者は大黒岳彦先生です。大黒先生は明治大学の情報コミュニケーション学部の学部長で、哲学・情報社会論をご専門とされ、メディア、情報社会の哲学的・思想的研究をされております。ご著書の一部を紹介いたしますと、二〇〇六年にNTT出版から刊行された『〈メディア〉の哲学――ルーマン社会システム論の射程と限界』、二〇一〇年にNTT出版から刊行された『「情報社会」とは何か？――〈メディア〉論への前哨』、二〇一六年の『情報社会の〈哲学〉――グーグル・ビッグデータ・人工知能』（勁草書房）などがあります。

最後に、吉岡洋先生です。吉岡先生は、京都大学こころの未来研究センターの特定教授で、美学、芸術学、そしてメディア理論をご専門としていらっしゃいます。現代芸術やメディアアートの現場と関わり合いながら、幅広い分野で活躍をされています。現在、美学会会長でもあります。紙以外のさまざまな媒体でもご著作があり、ファッションについてもご論考があります。

ということで、この三人の方にまずご報告をいただきまして、その後、討論をさせていただきたいと思っております。ではまず須藤さんからお願いいたします。

一　Autoscopy

須藤絢乃　はじめまして、須藤絢乃です。「アーティスト」と「フォトグラファー」として仕事をしています。アーティストのほうは制作にあたってコンセプトを組み、撮影や編集を経て作品をギャラリーや美術館で発表して、美術館やコレクターさんなどに作品を収蔵してもらったりといった活動と、もうひとつはファッション雑誌、『Zipper』や『ラルム』といった若い女の子向けの雑誌を中心にエディトリアルの写真も撮っています。

ファッションは世代的なものが関係してくると思うので、まず経歴の話から。私は一九八六年生まれで、二〇一七年現在三〇歳です。[*1] 二〇一一年まで京都市立芸術大学に、大学院まで行っていました。二〇〇九年に、パリに交換留学で短期ですがエコール・ド・ボザール・パリでフレスコ画を学んでいました。二〇一一年の卒業の年に、画廊のインターンをしていましたが、卒業前に私の写真がある賞を獲ったのをきっかけに作家としてデビューすることになりました。ニューヨークの「AIPAD Photograohy show」という、「PARIS PHOTO」という世界的に有名なフォトフェアのニューヨーク版のようなもので、初めて作品を公けに展示したことから始まりました。

＊1　この発表は二〇一七年五月に行われた。

私の作品は、どちらかというと、絵画に近い、フォトショップの効果をたくさん使った作品が多いです。デジタル上のイメージだと、絵なのか写真なのか、一体どちらかわからないような作品ですが、作品展示のプリントは一m×七〇cmの水彩用紙のざらざらしたテクスチャのある紙を用いてインクジェットでプリントして、そのあとにグリッダーやラインストーンで装飾をしています。実際に作品で見ると二次元では見えてこない質感も作品上では見えます。ネットで作品をたくさん発表しているのですが、実際に見ると結構びっくりしてもらえるような仕掛けを含んだ作品を発表しています。

作品のテーマは自分の変身願望だったり、友達や周りの人たちの変身願望をテーマに、ジェンダーや、ファッションの要素を絡めながら、作品を発表しています。

まず作家になるまでのいきさつというものからお話したいと思います。私は、今、女の子らしい恰好をしているのですが、物心ついた頃から男の子になりたいという気持ちがあって、小学生の頃はボーイッシュな恰好でいかに男子トイレに自然に入れるだろうかというのを真剣に毎日考えていて……。しかし、男になりたいという気持ちは強くありながら、少女漫画家になりたいという夢もあったりして、肉体はすごい男に憧れていて、でも内面はすごいキラキラしたものとかが好きだったりして、自分の理想の姿は男の子、中身は女の子的なものが好きというのがもう小学生のときくらいからあって、思春期は友達との関わりのなかで複雑に揺らいだりとかすることも結構ありました。中学校に入ると、憧れの先輩ができて、その憧れる対象というのは男性なんですけども、お手紙を書いて、「もしよかったら付き合ってください」という内容で手紙を渡したりして……。その後に「(意中の)先輩が須藤さんのこと、あんまりかわいくない、って言ってたよ」と友達が伝えてきたり。当時、

図1 "They are not me, but me", 2011 (©Ayano Sudo, Courtesy MEM, Tokyo)

私は、半ズボンで少年みたいなショートカットだったので、それはまあ仕方ないかな、と、かわいいと言われるのはなかなか難しいんじゃないかな、と思ったりして。そのときにちょうど、ロリータ・ファッションやゴスロリといったブームがあり、雑誌を開けば小さいころ着てたようなかわいい女の子の洋服が載っていて、これを着ればかわいいと言ってもらえるんじゃないか、そういう動機からロリータ・ファッションを纏うようになりました。

当時のロリータの世界はとても厳格で、ロリータ服のアイテムや素材やレースの種類など覚えておかなければいけないこともたくさんありました。『ゴシック・アンド・ロリータ・バイブル』という雑誌が刊行されて、そこには、ファッションだけでなく、文学や音楽、美徳もトピックとして掲載されていて、ロリータ・ファッションをきっかけに文化的なものに対して興味を持ち始めました。

高校生になって、また憧れの先輩ができて、「付き合っちゃいなよ」という周りのおだてで付き合うことになったんですけど、一回だけデートして、手をつないだりもなく、ただ自転車二人乗りして海まで行ったことがありました。でも、そのときに私は違和感のようなものを覚えて。相手は私のことを女の子として扱ってくれる、もちろんそれは当たり前なんですけど、そこにすんなり入ることができず、むしろ嫌悪感のようなものがあり、「やっぱり自分は少年っぽく生きる方が楽なんじゃないか」とか思ったりして。

そこからロリータ・ファッションを離れて中性的な恰好に戻ったりして。そういう「表層のゆらぎ」と「内面のゆらぎ」のなかで、本当に男の子が私は好きなんだろうか、と常に考えながら思春期を過ごしました。大学生になってもずっとそういう感じでした。付き合う人ができたりとかもしたのですが、それでも自分の中で納得いかないまま、私は男になりたいんだけど男が好きというのはどういうことなんだろうか？　と。そういう感じで、ジェンダーやセクシュアリティのゆらぎっていうのをずっと感じていました。

その当時、通っていた京都市立芸大に定期的に古本屋さんが出張でお店を出していることがあって、『STUDIO VOICE』など、九〇年代の雑誌がまとめて売られたりしていました。そのときに、たまたま『MODERN LOVERS』という特集号を見つけました。いわゆるＬＧＢＴとかマイノリティの人々の特集で、男か女に当てはまらない人たちをフィーチャーしていたんですけど、その時に「Ａセクシュアル」という存在、男か女を特に決めずに生きて、性的関係さえも持たなくてもいいとか、そういう価値観があるというのを知って、それからとても気持ちが楽になって、「あ、別に男として女として生きなくて良いんだ」という風に思えるようになりました。同じく、ベッティナ・ランス[*2]という写真家が『STUDIO VOICE』で特集されていて、彼女の作品に出合うことで、また被写体になっている彼らに出会うことで、私の人生観が大きく変わったように思いました。

学生の時分は、作品作りというか、課題をただこなすという感じでした。ベッティナ・ランスはいわゆる男なのか女なのかわからないような曖昧な人たちばかりを撮っている写真集を二冊出していて、一冊目は九一年に刊行されていて、『MODERN LOVERS』という作品なんです。このページをめくるたびに、普段男か女かを判断しながら人を見ていると思うんですけれども、そんな無意識のルールを崩されていく感覚に陥って、頭がぼんやりして不思議な感覚になりました。その時に、作品というものは、こうも脳に作用する力を持っているのかと衝撃を覚えて……。いま〔スクリーンに〕プロジェクションされているカラーの作品は、二〇〇〇年代にもう一度ベッティナ・ランスが同じコンセプトで中性的な人たちを撮ったシリーズです。

＊2
ベッティナ・ランス（Bettina Rheims）は、一九七八年に被写体にストリッパーを選んで以来、女性を写した作品を数多く発表している、フランスを代表する女性写真家。

こうした作品に出会って、はじめて自分の居場所と表現したいものが少し見えてきたっていう感じでした。ロリータ・ファッションしないといけないとか、男らしい恰好をしないといけないといったルールを決めずに、そのときのその気持ちで服装を選んでいけばいいんじゃないかな、と思うようになった。ベッティナ・ランスにすごく感化されたので、身の周りの友達だったり、自分自身の、当時まだ二〇代前半でしたが、大人になりきらない少年少女の中性的な部分というのを残したいなという気持ちで、ベッティナ・ランスのスタイルを追うように作品を発表していました。

私は、大学院に入ってからフランスに留学をするのですが、ベッティナ・ランスの真似っこのスタイルのまま、作品を先生に見てもらって、とても恥ずかしい思いをしました。というのも、自分は、西洋的なイメージに感化されていて、でもフランス人の先生からすると「あなた日本人なのに、アイデンティティというものはないの?」という気持ちで作品を見ますよね。それで、はっと気づいて、「そういえば私、日本人としての自分をあまり意識したことがなかったな」と。ちょうど留学中に「PARIS PHOTO」という世界のギャラリーがルーブル美術館の地下ギャラリーに一堂に集まり開催される大規模なフォトアートフェアに行く機会があって。そのときにある写真――ヨーロッパの作家の作品だと思いますが、日本の『FRUiTS』に出てくるようなストリートファッションを撮ったポートレート――に出会って、それを見たときに「日本で本当に存在するリアルなストリートファッションではなく、「それらしき」ものでしかない」と一瞬にして思ったんですよね。小さい頃からかわいいものが好きで、「カワイイ」の象徴であるキティちゃんが生まれた国にいる自分はもっとおもしろいことができるんじゃないか、と思いました。そのときに私のやりたいことは決まったように思えて、もっと日本の文化のことを知ろう! というのと同時に、もう知ってる、身についているものを生かして、勝負したいなと思って、四カ月でパリから日本へ帰ってきました。私は留学して、フランスの文化にかぶれるどころか、日本の文化に飢えて戻ってきました。

帰ってきて早速作り出した作品というのは、日本のプリクラだったりとか、当時出ていた『小悪魔Ageha』というキャバ嬢の雑誌とか、七〇年代の少女漫画のように目がキラキラしていて金髪のヒロインみたいな女の子たちが登場する雑誌とか、『Zipper』のようにメイクが「白塗り」のような明るいファンデーションを使って独特のメイクやレタッチが施された雑誌とか、当時のファッションに魅力を感じ、とても興味を持ちました。ただ単に表層としておもしろいだけでなく、たとえば『小悪魔Ageha』なら、そのイメージはどこから来るんだろう?とか考察したり。昭和の少女漫画を見ていると、『小悪魔Ageha』のイメージと変わらないんじゃないか?と思って、『小悪魔Ageha』は現代のギャルのスタイルとして打ち出しているけども、実はずっと少女漫画のイメージを引きずっているんじゃないか?とか、そういうことを考えるとすごくおもしろいなと思って、そういう『小悪魔Ageha』やプリクラといったイメージを作品に落とし込んでいきました。

プリクラっていうのはとても小さいフォーマットですよね。爪くらいの大きさですが、それがものすごく巨大に、私の場合だと一辺が一m以上のサイズになったら、めちゃくちゃおもしろいんじゃないかな、と思って、学生の頃の自分の感覚なんですけれども、そういう感覚で作品を作りだしました。当時は、まだ紙媒体の雑誌が力を持っていた時代で、雑誌ごとにキャラクター設定みたいなのがあって、『Ageha』だったら金髪でアイメイクの子たちとか、それぞれ雑誌ごとのキャラクターに私が変身していきたいという気持ちがまずあって、それでも自分自身は男の子に生まれたかった女の子だから、絶対的なアイデンティティに対しては、諦めてしまっているところがありました。そうした設定されたキャラクターに一時的に変身したり、友達にも声をかけて、その子たちに、どんな子になりたいかインタビューしたり、撮りたいと思った男の子、魅力を感じている男の子に「あなたにとっての理想の女の子は?」といったインタビューをして、私が彼らの理想の女の子に変身して、「女の子って一体何だろう?」と考えたりしながら、作品を作ったりしていました。

ちょうどその頃に、「ネオ・コス」という言葉をネット上で見つけました。事の発端というのは、ラフォーレ原宿で二〇一〇年にWALLというお店で開催された「ネオ・コス展」というファッションとアートにちなんだイベントでした。そのコンセプトというのは、原宿・渋谷のようにファッションやカルチャーがこれまで住み分けされていたものに、そこに秋葉原のオタク・カルチャーがミックスされたものでした。ロリータ・ファッションひとつ取っても秋葉原のメイドやアイドルと原宿のロリータは、相容れない存在でしたが、このように、コスプレでは、そういう子たちが垣根を外して、特定のアニメやゲームのキャラクターの再現だったものを個人それぞれが内面に持つオリジナルのキャラクターにかえてストリートファッションに落とし込むという動きが出てきました。

その頃はまた、ネオ・コスという言葉を使い出した写真家の方がいて、その方に何とか人づてで会って、いろいろ一緒にイベントに参加させてもらったりしてました。

ネオ・コスの時代に入っていくと、これまでにあった「〇〇系」、たとえば「原宿系」とか「渋谷系」などの街に依存したジャンルは薄れて、ネット上がコミュニティの場所になっていくんです。当事者としてはもちろん、日本のサブカルチャーで今何が起こっているかをインターネットを通して常にチェックしていきながら作品のアイディアになるものを探していきました。そのなかに、雑誌時代にはなかった新たなファッションやカルチャーのジャンルも生まれてきました。

SNSと一言でいっても、Twitter好きな人とかインスタが好きな人などさまざまですが、当時はTumblr[*3]を一番よく見ていて、Tumblr上では「ヘルス・ゴス」とか「ネオ・ゴス」といった新しいジャンルが生まれていて、ゴシックファッションと聞いて連想するコルセットなどといったヨーロピアンな十九世紀のイメージとかを払拭して、たとえばアディダスとかナイキとかスポーティなウェアをスタイルに取り入れるファッションが興っていました。一方Twitterを中心に広まった「夢かわいい」は、いままで白黒中心のゴスロリ・ファッションを着ていた子たちが、パステルカラーの服を着だしたものですが、好きなものは変わらずダークなもの、病的なイメージでした。「縷縷夢兎(るるむう)」というファッション・ブランドがありますが、地下アイドルの子たちの衣装を手掛けもして、「縷縷夢兎」自体は「夢かわいい」にカテゴライズされるのは嫌のようですが、「夢かわいい」という世界観をそのブランドをきっかけに知った人も少なくないと思います。「縷縷夢兎」の洋服は量産されないんですよね。ほとんど一点もののニット作品なので、お店ではあんまり買えませんが、Twitterを通してアイドルが「縷縷夢兎」を着ているのを見た女の子たちが、そのアイドルに対する憧れと共感性と抱き合わせで洋服にも憧れを持つという構図がありました(図2)。ネオ・ゴスにインスパイアされた私の作品をスクリーンに映します。ネオ・ゴスっていうのも、それまでのロックとか十九世紀っぽいゴスではなくって、スポーティなイメージだったりとか、音楽でもウィッチ・ハウスといったHIPHOPのトラックから派生した音楽が出てきて、その子たちがネオ・ゴスのファッションと呼応しあって、今までのゴスとは相反するようなアクティヴな要素がありました。

Tumblrで生まれてとりわけ大きなムーブメントになったのが「シーパンク」と呼ばれるもので、シーパンクというのは、海のイメージ、九〇年代に流行したコンピュータ・グラフィックによるユートピア的イメージが指標になっていて、「Unicorn Kid」というアーティストもそのシーパン

＊3
二〇〇七年よりアメリカでサービスが開始されたメディアミックス・ブログサービス。

図2 "Magical boy magical heart, Williamsburg, Brooklyn, N.Y.", 2014 (©Ayano Sudo, Courtesy MEM, Tokyo)(口絵図4参照)

クを代表する一人物で、まずこの映像を見ていただければわかりやすいと思います〔スクリーン上で音楽が再生、以下囲みはスクリーンを見ながらの説明部分〕。

Tumblr 上で流行した WINDOWS 95 のインターフェイスのグラフィックをリミックスしたイメージだったり、九〇年代の最先端だったコンピュータ・グラフィックのイメージ、音楽に関してもチップチューンといったゲームボーイから流れてくるようなサウンドを用いたり、九〇年代版レトロフューチャーとも言えますが、そういったムーブメントが Tumblr 上で興っていきました。

私もだんだんと、紙の雑誌には出てこないインターネット上のムーブメントの影響を受けるようになり、作品を作ったりしていた時期もありました。そのときにハッシュタグ[*4]が出てきて、「シーパンク」とか「ネオ・ゴス」とか「夢かわいい」が好きな人はどこでみんな集まるの？ となると、ハッシュタグがコミュニティの役割を担うようになり、SNS上で「#夢かわいい」とか「#シーパンク」とか付けて、そこをクリックすると、世界中で、「シーパンク」を話題にしている人や、「夢かわいい」を話題にしている人に瞬時につながれるという機能にはとても興奮しました。

ネオ・ゴスとかシーパンクのイメージを検索して見ていただけたら〔卓上PCで検索結果をスクリーンに投影しながら〕「これぞ！」というイメージがたくさん出ていて、見てておもしろいです。シーパンクのイメージとかはこういう感じだったり、「夢かわいい」はシーパンクと、色味は似ていますが、かわいらしいパステルカラーを使いながらも内面的には病的で退廃

＊4
SNSに投稿したメッセージにおいて言葉の前に#（ハッシュタグ）を付けると、同じタグ付きメッセージの収集が可能となり、電子的検索もできる。

的です。ヘルス・ゴスはスポーツウェアがコーディネートの中心で、アクティヴな印象。しかしあくまでも黒が基調。数年前、クリエイティヴ・ディレクターのリカルド・ティッシがGIVENCHYのコレクションで、ダークなスポーツウェアを発表してからHIPHOPのアーティストがゴシックなイメージで彼の作品を取り入れるようになって、ゴシックの世界観がより多様になってきたと思います。

という感じでネットカルチャーを受けた作品を発表したりするなかで作品の量が増えていくのですが、しばらくすると「これは全部須藤さんですか?」と作品を実際見た人から訊かれることが多くなるといったことが起こりはじめ、さっきお見せした作品群、それは私のセルフポートレートと他人のポートレートを混ぜていましたが、すべて私だと思っている方が多いのです。なにが起こっているんだろうかを考えていると、「Autoscopy」という言葉に突き当たりました。ドッペルゲンガーが起こる要因ともされている現象で、パッと見た瞬間にその人じゃないのにその人と思い込んでしまうという、脳が勝手に勘違いしてしまう現象です。制作過程でレタッチ作業で他人の顔を扱うとき、無意識に自分の顔が、いつの間にか投影されたのではないかと、その作品を見た人たちが他人のポートレートを見たときに「これは須藤さんだ」って一瞬思ってしまうという二つの事象が重なって、どの作品もセルフポートレートに見えてくるのかなと思いました。

それで「Autoscopy」というシリーズを作って、これは、ネット上やストリートで出会った人々を、ロンドン・パリ・ニューヨーク・大阪・東京で撮影しているのですが、その場所に行く際、いつからいつまでここにいるので被写体になることに興味がある人は声をかけてくださいと告知すると連絡がきて、SNSのメッセージなどで連絡をとり実際に会ったり、その人づ

図3　"Autoscopy" 2015（©Ayano Sudo, Courtesy MEM, Tokyo）

てで他の人に会ったりしました。そして老若男女、いろんな民族の人を撮って自分の顔のパーツを意識的に重ねるというシリーズを作りました。

話がちょっと前後しますが、ネットカルチャー上でのファッションっていうのも、雑誌で「何々系」と言われているファッションも、人に見られているのを意識して作られたファッションだと思うのですが、私はその一方で、行方不明の女の子に変身するという作品を発表していて、その作品では、彼女たちのいなくなってしまった当時の服装を、行方不明のポスターなどで調べて、私のセルフポートレートという形式で再現するというシリーズです（図4）。こちらは逆に「普段着感」というか、人に見られることを意識していない服で、とても無防備で、作品を作っているときに、このまま消えてしまうのではないかみたいな恐怖に陥ったりします。衣装を探しているときもリサイクルショップで服を探すのですが、その子たちを捜しているような感覚に陥ったり。人に見られるっていうのを意識して作られたファッションがハレとすれば、行方不明の女の子に変身する作品はケにあたる。このような光のあたらない穏された服装にも目を向けて作品作りをしました。

図4　"幻影 Gespenster" 2014（©Ayano Sudo, Courtesy MEM, Tokyo）

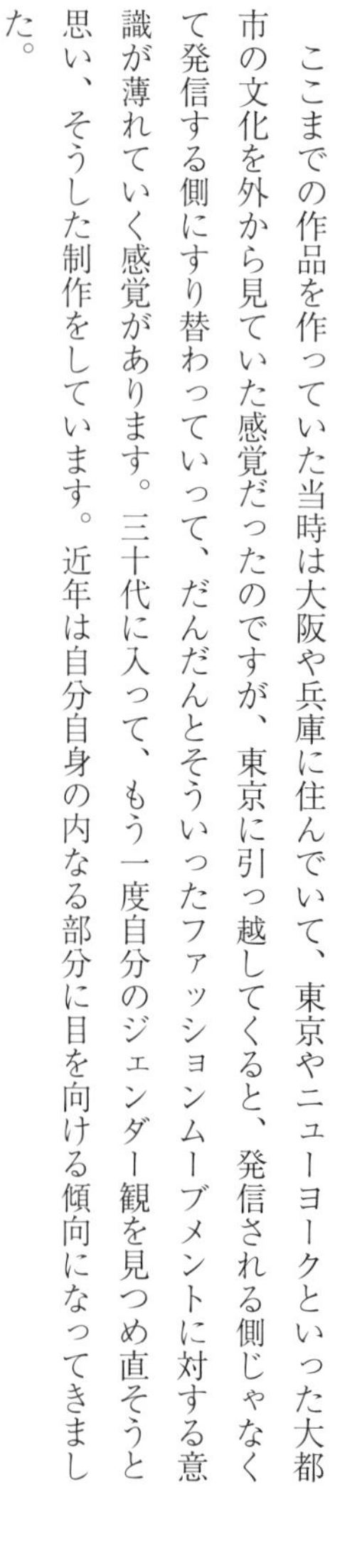

ここまでの作品を作っていた当時は大阪や兵庫に住んでいて、東京やニューヨークといった大都市の文化を外から見ていた感覚だったのですが、東京に引っ越してくると、発信される側じゃなくて発信する側にすり替わっていって、だんだんとそういったファッションムーブメントに対する意識が薄れていく感覚があります。三十代に入って、もう一度自分のジェンダー観を見つめ直そうと思い、そうした制作をしています。近年は自分自身の内なる部分に目を向ける傾向になってきました。

〔スクリーンに作品を投影しながら〕これは谷崎純一郎の『細雪』の四姉妹に私が変身している

作品です。これに関しては結構、ストレート・フォトに見せかけて編集でかなり顔を変形して別人のような見た目になっています。もともと自分が好きでセルフポートレートを撮りだしたというわけではなくて、男の子に生まれたかったという物心ついた時からの気持ちが今もずっとあり、持って生まれた肉体に対しての良い意味での締めのようなものがありました。それが転じて自分をとてもニュートラルでプレーンな素材としてさまざまなアイデンティティを映しこんでいきたいという気持ちがあります。『細雪』に登場する女性は、谷崎が創った女性像ですが、四人の姉妹が出てきて、四人四様の女性観がおもしろくて、彼女たちに変身してみることで、女って、三十歳からの女性の生き方ってどんなものだろうと、考察を交えながら制作をしています。

顔の変形に関しても、いままで若作りとか少女になることはありましたが、ちょっと老けさせたりふっくらさせるとか、そういうエフェクトも必要になってきて……。顔が全く別人になることには抵抗がなくて、逆に顔が違うことで自分に安心できるって感覚があるな、と思いました。それは現代の少女たちがアプリを使って、「盛れる」みたいな感覚に近いのではないかと思います。いまの自分自身はあんまり好きじゃないけど、顔を変形してキレイになれば、ちょっと好きになれるんじゃないか、とか、少しは生きやすくなるのでは?と、いろいろなステータスやアイデンティティを試しながら制作と生活をしている感じがします。

高馬　ありがとうございました。最後の方で「盛れる」という言葉を使われていたんですけれども、「盛れる」を一言でいうならば?

須藤　「盛れる」というのは、現実世界の生々しさから離れて、もはや自分ではないぐらいにキレイになることが重要ですね。

高馬　それがちゃんと成功したときは――

須藤「盛れる」と言えますね。

高馬　どうもありがとうございました。では、続きまして大黒岳彦先生　お願いいたします。

二　記号・〈メディア〉・ファッション

大黒岳彦　僕はファッションの専門家ではありませんし、記号論の研究者でもありません。専門は哲学なんですが、「記号」ということを主題的に論じたことはいままでありません。今日はちょっと自分なりに頑張って準備してきたつもりなんですが、ただ現在取り組んでいるテーマが〈メディア〉なので、いままでの諸発表とは違って、まず思いっきり引いたところから話を始めたいと思います。一応メインタイトルは「記号・〈メディア〉・ファッション」ということで、〈メディア〉というアングルから「記号」と「ファッション」を考えながら問題を提起する、という風に受け止めていただけるとありがたいです。

個人的な話になるのですが、僕は三年前から情報コミュニケーション学部でなぜか記号論の授業を担当しています。これは、記号論を担当していた前任者が本務校が決まっちゃったので、その後釜で僕が引き受けているのです。で、にわか勉強で教えるって心苦しいんですが、前半は、ソシュール対パースを含めた諸言語と記号の関係と違いをやって、後半では、映画とか貨幣とかマンガとかファッションを含めた文化記号論を講じてます。ただ、ここに来て、二〇一〇年代に文化記号論というのを従来の形で教えることに意味があるんだろうか？　という風な疑問にとらわれまして……。今回の発表も、こうした違和感が発表の動機のひとつになっています。

というわけで、一応ここでのテーマは文化記号論ということに絞らせていただきます。文化記号論に関して言いますと、今回の大会のテーマは「ファッション」なのですが、ファッションもまた文化記号論という枠組みのなかで論じられてきたんだろうと思うんですね。文化記号論って本当にいっぱいあるんですが、僕の感じだと文化記号論のいちばん大きな枠組み、フレーム・オブ・レファレンスを作っているのは、おそらくロラン・バルトとジャン・ボードリヤールなんじゃないのかなって気がしています。バルトは、たとえば『現代社会の神話』とかがいちばん顕著な例なんですが、記号の「権力性」ということをいちばん最初にはっきりと打ち出した人物なんじゃないかなっていう風に僕は感じてます。あと、もうちょっと時期は下るんですが、一九七〇年代以降に、ボードリヤールがそれに付け加えて、記号の〈自立＝自律〉性と、その記号の現実に対する優位、これはいわゆる「ハイパーリアリティ」という概念として現れてくるものですが、こういうことをいろんな分野で打ち出していく。

昨日、高馬さんの発表で、バルトには伝達の契機が欠けているという批判を受けたっていうような話がありましたが、僕はその批判は当たっていないと思ってて、バルトの議論、『モードの体系』も含めて、伝達っていう要素は十分含まれていると思っています。その点はまた後で話します。念のためですが、もちろん文化記号論というのは、ウンベルト・エーコとかスチュアート・ホールもいるんですが、僕はバルトとボードリヤールに比べて、エーコとかホールというのはあまり重要視しません。それでも、やっぱりエーコとホールの文化記号論においても、記号作用の自律性や、解釈がそこから逸脱する権力的なコード解釈っていうのが前提されていて、記号の権力性と記号の〈自立＝自律〉性というのは、大枠としてエーコとホールにも共有されているという風に思っています。

次に〈メディア〉の話に移っていきたいんですが、この辺から僕の専門に入っていきます。実は、バルトとボードリヤールの記号の権力性とか、記号の〈自立＝自律〉、あるいは現実に対する優位っていう、そういう風な議論というのは、バルトとボードリヤールはおそらくは気づいているとは思うんですが、「マスメディア」というメディア・パラダイムに淵源しているっていうのが僕の議論のまず第一の前提です。

ここで「マスメディア」と、現在のメディア・パラダイムになっている「ネットワークメディア」についてお話したいんですが……。マスメディア・パラダイムとネットワークメディア・パラダイムの情報頒布、ないし情報流通のプロトコルってまったく違ってると思うんですよ。

〔スクリーンに図を投影して〕みなさんから向かって左側がマスメディアの情報頒布プロトコルなんですが、これらを「Broad-Cast」とか「Net-Work」ってわざとハイフンでつないで書いているのは、プロトコルであることを示すためです（図5）。これ動詞的に解釈してほしいんです。broadcast って普通はテレビとラジオについて言われるんですが、僕は、新聞・雑誌・映画ほか、マスメディアである限り、こういう情報頒布プロトコルにすべて従っていると思います。つまり、情報の収集、編集、頒布を頂点である放送局や新聞社が全部コントロールしている。そこが一斉同報送信的に、底面部の大衆に向かって定期的に情報をバーッて流していく、そういうモデルです。で、そのパラダイムは僕は終わっていると思います。厳密にいうと、二〇一一年に完全に終わったと思います。なぜ二〇一一年かという話を始めると長くなるのですが、一言でいうと、グローバルにはこの年一月に起こった中東ジャスミン革命においてSNSが、従来のテレビやラジオを凌ぐ影響力を発揮したこと、ドメスティックには、三月の

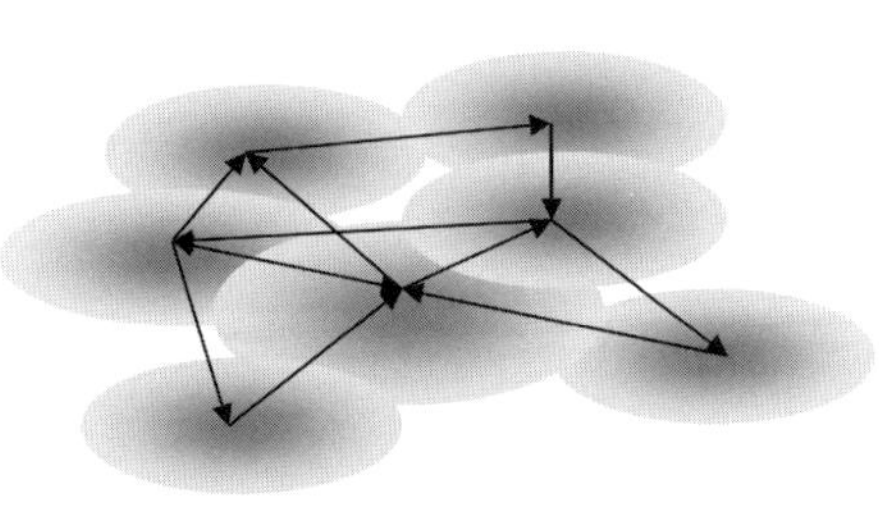

〈放－送〉（Broad-Cast）　〈ネット－ワーク〉（Net-Work）

図5　情報流通の２つのプロトコル

東北大震災後の原発事故においてマスメディアが政権の報道管制に屈し、そのため七月の地上波完全デジタル化による新世代テレビ普及の目算も完全に裏目に出て、テレビ離れを助長させたこと、などが指摘できます。

いま現在のプロトコルは「Net-Work」に移っている。マスメディアとの違いでいうと、まず情報のランダムな授受。定期的ではないということです。もうひとつの大きな違いは、マスメディアの場合、円錐形的な三次元構造なんですが、「Broad-Cast」の頂点にあたるような特権的場所を「Net-Work」が欠くことで次元がひとつ落ちて、二次元的な茫漠たる広がりにおいて、それは広がっていく。結果として、中心がそこにはまったくないので、原理的にコントロールが不可能であると。それに伴って、マスメディアそのものも丸ごとNet-Workのノードの一つに格下げされ、そこに組み込まれてゆく。そういう風なことになっていくだろうと思います。

さっきの話に戻ると、向こう側〔マスメディア〕のパラダイムからこっち側〔ネットーワーク〕のパラダイムに、ほぼ世紀の変わり目で地滑り的に移行したというように僕は思っています。ですので、いまのパラダイムはこちら側の「Net-Work」のパラダイムです。

ここからなんですが……。実は、文化記号論っていうのは、向こう側のパラダイムにおいてはじめて成立するのであって、こっち側ではそのままの形では成立し得ないだろう、というのが僕の主張になります。で、権威的な構造が失われつつあるというのは、現在のこのネットワークのパラダイムが覇権を握って、どんどん権威がなし崩しにされているっていう現象がいま現実に生じているということです。それを次にお示ししたいと思います。

僕は、マスメディア・パラダイムから、ネットワークのパラダイムへの推移をはっきり示す二つの事例があると思ってて、ひとつがDeNAの不祥事、もうひとつがビットコインであろうと思っています。DeNAの不祥事の意味ですが、みなさんご存知だろうと思うんですが、DeNAはキュレーション・サイトを運営してて、そこにはいわゆる健康情報がバーッと上げられてるんですね。ところが、その健康情報がほぼ嘘っぱち、あと剽窃のオンパレードであることがわかった。これは何を示しているかというと、本来医療情報って最もパターナリスティックで、最も専門的で、最も権威的な知識構造のはずなんですね。それが、ネットワークに移った途端に効力をもたなくなる。権威が無化されるっていうことの、ひとつの証明だと思っています。

もうひとつはビットコイン。ビットコインというのは構造、仕組みがわかりにくいんですが、単純化して話すと、ビットコインのコアテクノロジーはブロックチェーンっていうものなんです。これは、これまでの中央銀行をハブとする経済的なヒエラルキー構造をぶち壊す形で貨幣流通が可能なシステムがつくられている。[*5] いずれも、インターネット・パラダイムにおいて生じた、ヒエラルキー構造をぶち壊していくムーブメントです。

ということは、医療も貨幣も、いまみたマスメディアと権威的構造において通底していて、したがって二つの出来事は、それが現在なし崩しにされているっていうことの証拠になっていると思います。で、結論として、どういうことが言えるかというと、「記号」においては、「権力」の問題と「価値」の問題が切り離せない。つまり、マスメディアのヒエラルキカルな構造が二次元的なネットワークに取って替わったことでたしかに「権威」は否定されました。これをある種の人たちは民主化されたと言うんだけど、僕はそれはちょっと待ってほしいと思うわけで、なぜかというと、権力と価値っていうのは同じコインの裏表だと思うんですよ。つまり、これまでの「価値」っていうのは、権力的なヒエラルキー構造に担保されていたと。ところが、それが、権威がインターネットに否定されると、価値まで一緒に相対化されて否定されちゃう。つまり、盥(たらい)の水と一緒に赤子まで

＊5
ビットコインについては、『現代思想』二〇一九年五月臨時増刊号総特集『現代思想43のキーワード』の大黒執筆による「仮想通貨／電子マネー」の項目を参照。

流しちゃったんじゃないのかな、というのが僕の現在の捉え方です。

　ここでまったく話題を変えたいんですが、エンターテインメントの分野を考えてみます。もうちょっと限定すると「芸能」です。いままで話したのは、DeNA の場合は知識分野ですね、ビットコインの場合は経済分野なんですが、実は芸能でもまったく同じことが生じてまして……。去年〔二〇一六年〕から今年にかけて、芸能分野で大きな出来事がいろいろあるんですね。ひとつはボブ・ディランのノーベル賞受賞、あと『君の名は。』の世界的大ヒット。これはこれで大きな意味があると思っているんですが、ここではその話はちょっと措いておいて、それ以外に重要なことが二つ、昨年から今年にかけて起こっていて、ひとつはＳＭＡＰ解散。もうひとつはピコ太郎の「ＰＰＡＰ」[*6]の世界的な大ブレイク。この二つは、極めて重要な意味を僕は持っていると思ってます。これ、別々に論じても何も見えなくて、二つ合わせてはじめて真相が見えてくる。それはどういうことかというと、要するに、ＳＭＡＰ解散でわかったことというのは、それまでのテレビ局と芸能事務所が結託して大衆操作するっていう構造が、もう有効じゃなくなっている、と。むしろ、ＳＮＳとかで「ジャニーズ事務所サイアク」とか、「キムタク死ね」とか……つまり、芸能事務所とテレビ局のシナリオ通りにいかなくなっている、ということを、ＳＭＡＰ解散というのが示したと思ってます。もうひとつは「ＰＰＡＰ」なんですが、これも大きな意味を持ってて……つまり、従来の芸能事務所が仕掛けたものであったら、ああいう風にはなっていなくて、「真似するな」とか「真似するなら著作権料よこせ」とおそらくなるはずなんですよ。ところがピコ太郎は、トランプの孫がやったって、著作権を主張しないんですよね。「どんどんカバーしてよ」みたいになっていくわけで、いわゆる芸能コンテンツの発祥が芸能事務所とかテレビ局ではなくて、ＳＮＳになっている。もちろん、そのあと芸能事務所にいくという例はあると思うんですけど、スタート地点が僕

＊6　Pen-Pineapple-Apple-Pen の略称で、二〇一六年の夏にピコ太郎を名乗るパフォーマーによって YouTube 上で発表された約一分の音楽動画クリップ。コミカルな仕草を伴っており、一時期 YouTube には、世界中からアップロードされたカバー動画が溢れた。

は重要だと思ってて……。このことは、ビットコインとかDeNAとまったく同じ、つまり権威、コントロールする権威的構造が崩壊しつつあるということの芸能分野における端的な事例なのかなって思ってます。

これを、〈メディア〉論的に言い直すと、マクルーハンの言葉を使えば、「ホット・コンテンツのクール化」という風にも言えるし、あるいはベンヤミンの言葉を使うならば、コンテンツが「アウラ」を軒並み喪失しつつあるという風にも言えるのかなという気はしています。これをさらに社会学的にパラフレーズするならば、エンターテインメントが「相互行為化」していると、あるいは、エンターテインメントが「遊戯化」しているという風に言えるのかな、という気がしています。どういうことかというと、コンテンツが「作品」ではなく「ネタ」になってきている。要するに、プロフェッショナルは苦心惨憺してコンテンツを「作品」に仕上げるんだけども、そうじゃなくて、コンテンツがコミュニケーションを持続するための単なる「ネタ」と化しつつあるという気がしています。これをもうちょっと言い換えると、「創作行為」が「コミュニケーションの持続行為」というのに横滑りしているという風に僕は捉えていきたい。このことは、重要な意味を持っていて、まず商売にならないということです。つまり、エンターテインメントが「脱産業化」していく。ピコ太郎は著作権料を要求しないわけだから、儲からないわけです。もうひとつは、エンターテインメントが、「作家性」や「作品性」、あるいは「芸術的価値」と手を切る。「僕でもできちゃう」みたいな、トランプの孫でもできちゃうみたいな、そういう風なコンテンツの価値暴落と言いますか、そういうようなことが生じてる。

ここからようやくファッションの話に行けるんですけども、実は「ファッション」とか「モード」のシーンにおいてもまったく同じことが起きているんじゃないだろうかということです。つまり、ファッションで起きている現象というのは別にファッション界に特有のことではなくて、現在の情報社会において、あらゆる分野において起きていることのひとつの露頭でしかないというような気がしています。つまり、これまでのモードというのは、たとえばオートクチュールとか、カール・ラガーフェルドや川久保玲といった著名クチュリエ、あるいはシャネルやジバンシィなどの特権的メゾンが、揺るぎない権威を持っているというのが大前提なわけですよね。そういう特権的クチュリエが、オートクチュール・コレクションで「今年のモードはこれです」みたいな感じでファッションショーをやる。それを、今度は同じヒエラルキカルな構造を持ったマスメディアが、いろんな媒体を使って、さっきのマスメディアのプロトコルであるBroad-Castによって一斉に頒布していく。モード、ファッションのこうしたメゾンとマスメディアのヒエラルキカルな権力構造によってはじめて、シャネルとかジバンシィとか、いろんな著名メゾンは、ブランドという「価値」を維持できるし、再生産もできる。

　ところが、現在のメディア状況、つまりネットワークメディアが台頭して、マスメディアがNet-Workのノードのひとつにしかならないようなそういう状況のなかで、ファッション・コンテンツにおける「作品」から「遊戯」への変容が進行中なのではないか、と。そのことは、ユニクロ――ユニクロの話をしはじめると、僕は、ユニクロとか無印良品とかってメゾンの対極にあるものっていう風に昨日言っちゃったんですが、そうでもなくて――たとえば今年は、イネス・ド・ラ・フレサンジュと組んで、いろいろやってる、研究してるんですね。その話は、時間があったら、またしますけども……。つまり、衣服はいまや着こなし、ってマズイですね、着こなしって言っちゃうと、たぶんバルトの「アビユマン」[*7](habillement)になっちゃうんで、着こなしと言うのはちょっとやめて、衣服はいまや「自己呈示」ないし「相互行為」としてのコミュニケーションのための

*7　バルトが、ソシュール言語学を参照しつつ、「衣服(ヴェットマン)」(vêtement)の下位分類として「服飾(コスチューム)」(costume)から区別したファッションの位相。「衣服」は「言語活動(ランガージュ)」(langage)に、「服飾」は「言語体系(ラング)」(langue)に、「身なり・着こなし(アビユマン)」(habillement)は個々の「発話(パロール)」(parole)に、それぞれ対応する。

「ネタ」になりつつあるんじゃないか。つまり、ファッションにとって重要なのは、いわゆる「服」「服そのもの」というコンテンツではなくて、それをネタにしてコミュニケーションを持続させていくことに推移していっているんじゃないのかという気がしています。これはおそらく、コスメティックス、「化粧」においても同様で、僕の院生の佐々木朋子さんがそこにいますが、彼女は化粧の研究をしているんですが、化粧においても、「儀礼」から「遊戯」への変容、またコミュニケーションのネタ……、たとえばその顕著な例は「ざわちん」[*8]ですけども、そういうことが、やっぱり並行的に見られるんじゃないのかな。

さっきの須藤絢乃さんにつなげたいんですが、これは須藤さんに対して相当失礼なことを言うかもしれないんですが、僕は須藤さんの作品を、いままで話してきたコンテンツが作品から遊戯化し、ないし儀礼から遊戯化するというトレンドを集約的に象徴しているような作品として見ちゃったんですね。つまり、須藤さんの作品においては、コンテンツが自己呈示のための素材ないしネタと化しつつある現代の時代の空気を顕著に反映しているなという気が、個人的には非常にしていです。須藤さんがシミュレーション、摸擬的に再現されるのは、たとえば一九八〇年代の「渋カジ」だったり、さっき見せていただきました谷崎潤一郎が理想化した船場の良家の風情だったり、たとえば、僕なんかが四谷シモンとか金子國義を連想しちゃうような猟奇的な空想世界であったりするわけですけども、おそらく重要なことは、「これは私じゃない」とさっき言われたので僕の誤解かもしれないんですが、重要なのは被写体がフォトショップでレタッチしたり、化粧したり変装したりした須藤さん本人であって、つまり、写真に表現された作品世界が須藤さんの趣味世界であるっていうことだと思うんですよ。昨日の、あれは小林美香さんだったかな、マタニティ・フォトのお話がありましたよね。あれって、カミングアウトという風に見られないこともないんですが、おそ

＊8
メイクアップによって自らの顔を著名人そっくりに加工し、その画像をブログなどで公開している顔真似タレント。

らくその見方は一面的で、もうちょっと社会的な意味が持たされていると思うんですよ。男女共同参画みたいな。そういう風な社会的意味がたぶん担わされていると思うんですね。ところが須藤さんの写真は、僕は極めてパーソナルな表現だなっていう感じが強くします。つまり、須藤さんの作品世界のほうがむしろ、自分の趣味のカミングアウト、自己呈示的なコミュニケーションとして成立してるんじゃないのかなと。このことは、須藤さんの作品の多くがTwitterとかTumblrとかといったSNSにおいて発表されていることとも無関係ではないんだろうという風に感じました。

で、結論というよりも、問題提起なんですが……。もう一回、記号論の問題に戻っていきたいんですけども、記号の問題というのは、Net-Workの情報社会においては作品分析という形をもはや取り得ないんじゃないかなという気がしています。僕はもともと作品分析は好きじゃないので……。カルチュラルスタディーズとかで作品分析がやたら出てくるんですが、なんか金太郎飴みたいで、全然面白くない、と僕なんかは思っちゃうので……。そういう形というのはもはや取り得ないだろうなという気がしています。むしろ「記号」というのは、コミュニケーションという枠組みのなかに移さないと今後は正当な扱いを受けられないんじゃないかという気がしています。なので、おそらく「記号」というものが埋め込まれる枠組みが、たぶんこれからは違ってこなきゃならないだろうなっていうのが外野からの僕の見立てです。……以上です。

高馬　ありがとうございました。いろんなご質問、ご意見もあると思いますが、時間が押しておりますので、最後にまとめてということで、続けて吉岡洋先生にお願いしたいと思います。

三　ファッションはデジタルメディアを待っていた

吉岡洋　昨日から各セッションで、「この問題は最後のセッションであるこの「デジタルメディア時代のファッション」につなぐ」とか、「そこに集約させる」とか、最後というのは常にいろいろプレッシャーをかけられる的になるんですが、ぼくはさらにその三人のなかの最後ということですね。高馬さんから「ファッションについての論考もある」と紹介されましたが、それはちょっと大げさで僕はファッションについてまともな研究論文や本を書いたことはありません。唯一「ファッション」という問題に向き合ったのは、「ファッション〈反〉チェック」という連載をしていた時でした。二〇〇五年のことです。京都大学の前に情報科学芸術大学院大学（ＩＡＭＡＳ）というメディアアートの学校で働いていまして、現在日本記号学会の情報委員長である廣田ふみさんがそこの大学院生で、新聞部を作って『クロッカス』っていうかわいいミニコミ誌を刊行していたんですが、そこに書いていました。それはどういう内容かというと、よく雑誌やテレビに「ファッションチェック」というのがありますよね。街を歩いている女の人を摑まえて、連れている子供に「お母さんのファッションどう思う?」「あんましカッコよくない」とか言わせて、それでファッションの専門家にアドバイスしてもらって「魅惑の変身」とか言ってね、ビフォー・アフターみたいなね、それですごーい、みんなパチパチっていう、そういう企画ありますよね。

ぼくの「〈反〉チェック」というのは、ファッションにまつわるそういう行為のわざとらしい演劇性というか、ファッションをとりまく言説の制度性みたいなことが気になって始めた連載なのです。たとえば、こんなことを書きました。

ファッション〈反〉チェック

第1回「ファッションという暴力」

ＩＡＭＡＳ新聞部が私に依頼してきたお題がなんと「ファッションチェック」である。まったく何を考えているのか（笑）……あまりにもバカバカしいので引き受けることにする。

まず「ファッションチェック」とは何かについて私見を述べておこう。ひとことで言うと「おおきなお世話」である。街角を行く人の写真とか、時には本人をわざわざテレビスタジオに呼び出して、投稿短歌の添削をするみたいに、あれやこれやとアドバイスをする。すべての講評がそうであるように、そこではチェックされる人ではなく、チェックする人のレベルが露骨に表れる。そしてたいていは聴くにたえない。

そんなにまでしてみんなを「イケてる」ファッションに近づけて、いったい何が面白いのか。「ファッション」から「ン」を取ると「ファッショ」である。ファッションはファシズムと一字違いなのだ。両者ともチェックされたい人、すすんで時流に従属したい人が大量に存在することで成り立っている制度なのである。

江戸の美意識の頂点は「粋（いき）」だが、その次にまだ許せるのは「野暮」であった。それに対してもっとも軽蔑されたのは「半可通（はんかつう）」だ。「半可通」というのは、マニュアル的情報だけ習得して自分は最先端だと信じている輩（やから）のことである。こういう「自信」がいちばんみっともない。なぜか。無知だからだ。センスとはそもそも教えることができない（マニュアル化もチェックもできない）という基本的事実を知らないからだ。だがすべての芸術的訓練は、まずこの事実を徹底的に納得することから出発するのである。

「野暮」は「半可通」の成金根性をもたない分、少しは可能性がある。「気楽に、何も考えないように生きる」という、現代の若者の多くに共通する「野暮」は、流行とブランドを血眼になって追い求めた一時代前の「バブル半可通」よりは健全で、見苦しくはない。だからといってそこに居直ってはどうにもならない。時流に媚びる大多数を気にしない点でこの野暮は正しいが、真に眼を持つ少数者をも懼れない点で誤っているからだ。

ようするに何が言いたいのか。「チェック」とはそもそも間違った制度だと言いたいのだ。チェックは「半可通」を大量生産し「野暮」を排除するからである。学校も社会も、今の世はとにかくチェック過剰である。その反面、センスの伝達不能性のような基本的事実を軽視する。だから私がファッションについて書くとすれば、そうした事実の重要性を喚起するため、懼れの感情を呼びさますためでしかない。すべてはそこから始まるからだ。

身を殺して魂を滅ぼしえぬ者どもを懼るな、身と魂とをゲヘナ（地獄の火）にて滅し得る者をこそ懼れよ。（「マタイ伝」10章28節）

すみません。こういうちょっとふざけたというか、好きなこと言い放題みたいなエッセイなんですけど、そのＩＡＭＡＳっていう学校には、デザイナーもいるし、建築家もいるし、アーティストもいるし、一方ではプログラミングや電子工作のような理系の人たちもいて、その頃は僕が唯一人文学系出身だったんですけど、いろんな種類の人が小さな所に集まっているので、ファッション的にもけっこうカオスでしたね。周りはけっこう田舎で二十四時間作業できる環境なので、「お前それパジャマか!?」みたいな恰好で来るような学生がいたり、女子も化粧もファッションも忘れちゃって「このままではイカン、シャバに復帰できない」と危機感を持って「女子部」っていうのを作って、週に一回は化粧して女子であることを思い出そう、みたいなのもあった。そういう環境のなかで出した学内ミニコミ誌のためのテキストなんですね。

毎回テーマがあって、たとえばデザイナーやメディアアーティストにはいつも全身黒づくめの人とかいるのですが、この「黒」っていったい何だろうとか、学生のなかに「フェアリー」と呼ばれている女の子がいて、ファッションにおいて「フェアリー」、妖精性っていったい何だろうというような話をして、そしたらその頃ちょうど「クール・ビズ」というのが話題になっていたので、こんなものを書きました。もうひとつだけお見せすると、

第2回「もっとフェアリー」

衣服とは制度そのものである。制服やドレス・コードによる拘束だけが制度的なのではない。むしろそうしたルールを廃して「気楽に」「自由に」と言われた瞬間、衣服の深い制度性は剝き出しになる。

「クール・ビズ」はそれまでの背広ネクタイ姿よりも、ある意味「きつい」かもしれない。「ノーネクタイ時のシャツは襟元がしっかり立つタイプを」「アンダーウェアへの配慮もお忘れなく」etc.――「気楽」にしようとすればするほど、まさにそのゆえに、人はますます衣服に縛られてゆくことになるのである。

衣服はたんに身体を覆い隠すものではない。「隠すと同時に見せる」ものである。衣服において最も重要なのは身体と衣服との境界部分――襟元、袖口、裾など――であり、制度の力も

とりわけそこに集中する。地球温暖化がどんなに心配でも、空調の温度をさらに一度上げそのかわり半ズボンにしようという提案はない（作家の橋本治はかつて「革命的半ズボン宣言」を提唱したが）。オフィスで知的労働をする男性が膝を露出させることは、いったい何に抵触するというのだろうか？

袖口もまた、決定的に重要な箇所である。多くの伝統衣装では、袖口の周囲に様々な文様が施されている。それはデザインのためでなくて、この開口部を通じて外部から邪悪な霊が身体に侵入するのを防ぐためだった。現代の衣服ではそうした魔よけの文様は消滅したが、そのかわりに「長袖／半袖」のような規格化によって、身体の露出がコントロールされる。クール・ビズでは半袖は許されてもノースリーヴは論外である。同じ理由から七分袖も、オフィスでは異様とみえるだろう。つまり露出の程度が問題ではなく、「どっちつかず」であることが排除されるのだ。

衣服は動物から人間を区別する。だが区別することは、別な仕方で関係付けることにほかならない（ヘーゲル）。衣服は人間を動物から切り離すと同時に、身体を新たな仕方で「動物＝霊（アニマ）」と関係付けるものでもある。衣服を身に纏（まと）うことで、私たちは多かれ少なかれ、精霊＝妖精（フェアリー）の如き存在になるのだ。フェアリーとは境界に浮遊するもの、いずれの領域にも「属さない」というあり方を駆動力とする存在である。ここに、事実としては制度そのものでありながら、内的に制度から逸脱してゆくという、衣服の弁証法的運動がある。

フェアリーとは本来「醜い」ものであった。ロマン派の詩人たちが、近代社会のテイストに合うように、美少女の姿に描き直したのである。だがフェアリーの「醜さ」とは実は、美醜の相対的スケールにおける醜さではなく、その脱領域的な本性のために「表象できない」ことを意味しているのではないか。そう、すべてが表象可能性へと還元されるメディア社会を脱構築するためには、もっと多くのフェアリーが必要なのだ。衣服の本来的な境界性を目覚めさせ、身体を可視と不可視のあわいへと解放するために……。

まあ、ファッションに関してはこういうテキストしか書いたことがないのですが、では「デジタルメディア時代のファッション」について、何が言えるか。たしかにメディアやテクノロジーについては書いてきましたが、僕のそもそものバックグラウンドは西洋近世哲学で、十八世紀で世界は終わってんじゃないのかという基本的意識を持っているので、そういうスケールから今のデジタルメディアの世界を見てみるとどうなんだろう、っていう関心が常にあります。

ひとつは、デジタルメディアがいまファッションに限らず、社会や文化に劇的な変化をもたらしていると言われるけども、私たちが見ている「変化」というのは、デジタルの最初のインパクトに対する私たちの反応にすぎないのではないか、ということです。デジタルの与える衝撃を、私たちはなんとか、これまで慣れ親しんだ行動や思考のパターンに収めて理解しようと、悪あがきしているだけなのではないか。逆にいうと、本当の変化はまだ起こっていないのではないかと思ってるんですよ。

デジタルメディアがその力を十全に現してわれわれの文明の姿を変えてしまうには、まだ数十年とか一世紀とかかかるんじゃないかと思う。なんでそんなことを考えるのかというと、たとえば、活版印刷というメディアが五〇〇年前に現れたときに、グーテンベルクの活版印刷術を使って最初に作られたものは何かというと、ウルガータ聖書というそれまでいちばんよく知られていた写本の聖書ですね。そういうものを再現する。つまり、新しいメディアを使って、最初人間は何をするかというと、それまで自分たちが知ってたものを反復するのです。活版印刷がその新たなメディアとしての実力を発揮するのは、つまり私たちが知っているような「本」というメディアが普及するのはだいぶ後なのです。

それで今、僕らはこういうコンピュータを使ってたとえば何をしているかっていうと、本を読んでるんですね。「電子書籍」です。電子書籍って、電子であれば「書籍」である必要はまったくないのに、それは書籍の形を模倣していて、しかも、ページをめくるアニメーションとか音とかが付けられるんですよね。あれは一体なんのためにあるんだろう。つまりそれは、自分が画面の中に見ているのが「本」であること、自分がいまやっていることが「読書」という行為であることを確認するためにあるのではないか。これに似たようなことを、僕らはデジタルメディアのあらゆる点でやっているんじゃないかな、っていう感じがしているわけです。

本源的には、デジタルメディアというのは、われわれの時空間の経験の枠組みそのものを変えてしまうのではないかと思っています。時間と空間の秩序そのものに影響が及んでいくだろうと考えているんですね。たとえば「紙メディア」と「デジタルメディア」ってあたかも対立みたいに語られますが、紙は二次元で、ではデジタルは何次元か。さっきの大黒先生の報告では、ネットワークは二次元、そういう言い方もできると思うんですが、ぼくはネットワークは整数次元では表現できないと思います。デジタルメディアは、私たちの空間的直観のなかの、次元の整数性そのものを変えていくのではないかと。

たとえば私たちが見ているスクリーンというのは、平面だと思って見ているけども、厳密に考えると平面ではないし、そもそも平面である必要は全然ない。そこで思い出したのですが、数年前サンタモニカの「トラック16」っていうギャラリーで「双曲線かぎ針編みサンゴ礁 Hyperbolic

Crochet Coral Reefs」という不思議な展示を観たことがあります。かぎ針編みで作られたサンゴ、ヒトデ、イソギンチャク、クラゲ、アメフラシ、等々の、サンゴ礁の生き物が、色鮮やかな毛糸で編み上げられているのです。これは Institute for Figuring というネット上の組織が主導したプロジェクトで、それに応じて世界中の多くの女性たちがボランティアで編んで送ってきた作品が集められている展示でした。

"Hyperbolic"という語には「誇張された、大袈裟な」という意味の他に「双曲線の」という数学上の意味があります。ユークリッド幾何学では、ある直線にとって、その外の任意の一点を通る平行線はただひとつしかなく、三角形の内角和は一八〇度と決まっています。ガリレイ、ニュートン、カントにとって、空間とはそうしたものでした。しかし一八三〇年代、ロシアの数学者ロバチェフスキーはハンガリー人の同僚ボーヤイとともに、それとは異なった幾何学の可能性を着想します。それが現在では非ユークリッド幾何学の先駆的な例とされている「双曲線幾何学」(hyperbolic geometry)です。この幾何学が扱うのは、均質で〈まっすぐ〉な空間ではなく、負の曲率を持つ〈へこんだ〉空間で、この空間ではある直線外の一点を通る平行線は無限に存在し、三角形の内角和は一八〇度よりも小さくなります。

こんな空間は最初は想像上のものと受け取られていましたが、二十世紀における物理学の発展を通じて、非ユークリッド幾何学は数学的な可能性ではなく、実在の宇宙を表現するために相応しいモデルであることが明らかにされてきました。にもかかわらず、ロバチェフスキーの発見から一七〇年を経過した今でも、私たちの常識的な空間概念は、依然としてユークリッド＝ニュートン的な均質空間に基づいており、双曲空間を直観的にイメージすることは容易ではありません。数学や物理の先生たちは、学部生向けの授業で、双曲空間の模型を紙で作ったりして、苦労しながら教えてきました。というのも、普通の紙はそもそも双曲平面ではないのでモデルには向いていないのです。

一九九七年、ニューヨークのコーネル大学で教えていたラトヴィア出身の女性数学者ダイナ・タイミナ（Daina Taimina）という人が、双曲空間をもっと身近に感じられる方法として「双曲かぎ針編み」（hyperbolic crochet）[＊9]というのを考案しました。外側に向けて編み目の数を増やしてゆくと、美しいフリルの曲面が出来上がるのです。編物をする人は分かると思いますが、網目の数を間違えるとこういう歪んだ面になってしまいます。それに注目して積極的に利用するなんて、素晴らしいアイディアだと僕は思いました。双曲空間は物理的宇宙のモデルであるだけではなく、自然界の生き物の形、とりわけ人類より何億年も以前からの先住者である海の生物たちの形態を表現するのにも適しています。

現在の文明を支えている人間中心の合理主義的世界観は、いまだにユークリッド＝ニュートン的な、つまり〈まっすぐ〉な古典的空間モデルに基づいていると思います。たしかに二十世紀の科学は、宇宙も生命もどうやら〈まっすぐ〉な空間よりもむしろ〈へこんだ〉空間の方を好んでいるようであることを解明してきました。ただ、それはまだ私たちの常識や直観のなかに浸透していません。それはちょうど、デジタルメディアがまだ登場したばかりでそこに潜在する新しい論理が私たちの日常的思考のなかに浸透していないのと、同じことだと思います。

では、こうした観点からファッションについて何が言えるか。やっぱり、十九世紀から二十世紀にかけて「モード」みたいなものが規範になっていたと思うんですけど、それはやはり近代の印刷メディアの支配性に基づいていて、だからデジタルメディアによって「モード」も、それを規範にする「ファッション」も衰退していく、というようにみえます。このセッションのタイトルも「モ

＊9　双曲かぎ針編みを用いた「双曲かぎ針編み珊瑚礁」展覧会名：HYPERBOLIC CROCHET CORAL REEF、企画：THE INSTITUTE FOR FIGURING（http://www.theiff.org/）と協力者たち、キュレータ：Margaret and Christine Wertheim、場所：ギャラリーTrack 16（アメリカ合衆国カリフォルニア州サンタモニカ）、期間：二〇〇九年一月一〇日〜二月二八日。

図6　双曲かぎ針編み珊瑚礁（撮影・吉岡洋）

ードの終焉」みたいな提案もあったんですが、「終焉」っていうのもあまりに近代的な響きだと思ったので、僕のこの報告のタイトルは「ファッションはデジタルメディアを待っていた」にしました。デジタルメディアによってファッションが終わるのではなくて、むしろ「待っていた」としたかったのです。

ここで「ファッション」と言っているのは、いわゆるモードや流行としてのファッションではなくて、まさに「自己」の問題、自分という存在をどう理解するか、っていうことに関わる活動です。コミュニケーションや社会的文脈はもちろん重要であろうけれど、ファッションのコアの部分には、自分で自分を見るということがあるのではないか。新しい服を着た自分を最初に見るのは鏡ですから、自分で自分を見ているわけですよ。自分に対して自分をどう提示するか。ファッションの意味を拡大しすぎだと言われるでしょうが、僕にとってファッションが切実な問題となる接点はこの意味なのです。この意味のファッションは、滅びたり終わったりすることはない。デジタルメディアの影響について議論される時、SNSなどで個人的なもの、私的なものが社会的に露出する、みたいな言い方がよくされます。それは間違ってはいないと思うけれども、そこで想定される「個人」や「社会」を従来の近代的な規範に従って考えていると、問題が見えなくなると思う。デジタルメディアが変えていくのは、「自己」と「社会」との関係ではなくて、「自己」や「社会」そのものだと思うのです。それにしたがって「自己」と「社会」という二項対立そのものが崩れていくだろうと思います。自己と社会は「ウロボロスの蛇」的に相互参照しながら変化していく、というようなイメージを持っています。

ファッションに関して空間や時間の秩序が変容する、というのは、ひとつには「新しさ」が消滅するということです。これまでの「ファッション」とか「モード」とかは、ある種の「線」的に発展していく時間の、まだ誰も到達していない最先端っていうか、「純粋の現在」っていうか、そういうものから「アウラ」を取り出していた。デジタルメディアはそういった線的な時間の流れや、最先端、そうしたものを無効にしてしまうのではないかと思います。デジタルというのはよく「最先端」という言葉と一緒に使われるけども、本当はデジタルは「最先端」を滅ぼすと思ってるんですね。たとえばYouTubeであるワードを検索すると、五〇年前のものといちばん新しいものが並んで出てくるんですね。自動再生にして放っておくと、とんでもないものがどんどん出てくる。そういう時間感覚が生まれつつあります。

また「リアルタイム化」というのは、便利であると同時に恐ろしいことであると思います。いままでだったら雑誌を見て「あ、この服いいな」って思って、買いに行きたいけど時間がないから週末に行こうとか、それまでの間に期待する時間みたいなのがあって、やっと実際に手に取って買うみたいな経験になる。ところがネット上のカタログには「Buy Now」というボタンがいたるところにあるんですね。ファッションだけじゃなくて、ネット上のショッピングサイトには必ずあります。この「いますぐ買う」というのは、おそらく購買という行為に関わる人間のイマジネーションを空洞化していると思います。「Buy Now」ボタンを押すことで、私たちは本当は「買っている」のではなく、プログラムのフローの中に自分を組み込んでいるのかもしれない。

あとファッションの「民主化」という言葉も、昨日から議論に何回も出てきましたけど、おそらく民主化の最たるものは「ファストファッション」みたいなものでしょう。要するにユニクロとか、近所にあるから僕もつい行ってしまうんですけど、この誘惑に勝てないですね。昔だったら近所の用品店で買った服はダサくて、ダウンタウンの高級ブランドはやっぱりカッコいいみたいな対立があったかもしれないけど、今はユニクロとかZARAとかのファストファッション、結構イケてるんですね。安いし、だからつい買ってしまう。

　これがファッションの「民主化」だって言えないことはないと思うけど、でもね、作ってるのは労働力の安い国々の、ファッションに縁のない人たちでしょ。要するに、ファストファッションによる民主化っていうのは、グローバルなレベルでの「非民主的」状況によって可能になっている、という皮肉なことがあります。それを「民主化」と呼べるのか。呼べるとしてもそれは限られた消費社会のなかだけの話だと思います。

　またファッションの民主化のもうひとつのポイントとして「ＤＩＹ化」という面がありますね。何でも自分で作れちゃうっていうことですね。これ〔図７〕はスペイン人の二人のユニットの人が開発した編み機のプロトタイプですけど、データ入れたらどんな編物でも出来てしまうと。まあ、普通のミシンや編機でも最近のはマイコンが入っていて、かなりのことができます。これまでは専門的な知識とか技術を持った人に頼まなきゃいけなかったことが、全部自分でできるようになっていく。３Ｄプリンタとコンピュータを搭載したミシンや編機があれば、何でも自分で作れてしまうというようなことですね。

　あまりにも何でもできすぎると、機能性をかえって絞っていく方がイケてるみたいな、ミニマリズムみたいな価値も出てくると思います。たとえば電話しかできないスマホとか開発してる人がいるんですね。それスマホじゃないやん（笑）、と思うけど、スマホの形はしているけど電話しかできない。ちょっと欲しいでしょ。そういうのも逆説的に出てくるんだろうなと思います。

　それと、先端科学というのはつねにファッションと密接に関わっていたと思いますね。十七世紀、十八世紀以来、いちばんファッショナブルなのは科学だったと思います。現在の先端科学をファッションのなかに取り込む人がいるけれど、それはいまにはじまったことじゃないと思ってるん

図７　編み機のプロトタイプ（https://makezine.jp/blog/2017/04/kniterate-launches-automated-knitting-machine.html）

ですね。たとえばこれ、ビョーク[*10]が自分自身の顔面の筋肉を三次元でスキャンして、そこから取ったデータをもとに、3Dプリンタでマスクを作ったものなんですね。これが何で面白いかというと、マスクそのものは気持ち悪いけど、それを最新テクノロジーが可能にしているという点です。まあビョークのようなキャラクターもこれをファッションとして成立させるのに重要なのですが。

ただこういうことって、別にいまにはじまったことじゃなくて、たとえば十八世紀には、こんなふうに傘に避雷針を付けて歩く、みたいなファッションのアイディアがあったようです。かえって危ないと思うんですけども（笑）。これは実現されたものではなくて、ベンジャミン・フランクリンの信奉者だったフランス人が考えたデザインらしい。これも避雷針自体がカッコいいんじゃなくて、その背後に、雷とは静電気の現象であって人間がコントロールできるのだ、という科学的知識のシンボルとしての意味があったからです。だから、避雷針を付けるのは別に実用的なことじゃなくて、最先端科学技術を身にまとうというか、そういう意味があった思います。

最後に、昨日小林美香さんが話題にしたマタニティ・フォト、先ほど大黒先生のお話でも触れられましたが、妊娠をめぐる表象――たしかにファッションを含め近代文化のなかでは囲い込まれてきたものだと思いますが、これも決して新しい現象ではないと思います。人類学的な時間スケールのなかでは、妊娠や妊婦のイメージは文化のきわめて中心的なモチーフだったと思います。フォトではないですが、これはヒロタ・エミさんっていう写実主義の画家の人が描いた妊婦のヌードです。これは、その絵をタイトルにした考古学の本なんですね。大島直行さんという縄文考古学の専門家で、北海道考古学会の会長をされている方ですが、その人が書いた本です。

どうしてこの絵を表紙にしたかというと、縄文式土器や土偶といった資料は、たくさん発掘

図8　大島直行『月と蛇と縄文人』寿郎社

＊10　一九六五年生まれのアイスランド出身の歌手。顔面の筋骨格を3Dプリンタで制作したマスクを身につけたパフォーマンスは、二〇一六年日本科学未来館でも行われた。

されて調べられて分類されてるけど、なんであのような造形になっているのか、縄文人たちは何を考えていたのか、といったことはずっと謎のままで、考古学というのはそういうことをあんまり軽々しく言ってはいけないのだそうです。けれども大島さんはあえて、ミルチャ・エリアーデなどの宗教学、神話学などを参考にしながら、縄文人の想像力の世界を探究しようとしています。

それによると、縄文人の宇宙観は月や蛇といったシンボリズムで構成されていて、その中心的な関心事は不死や再生というテーマなのです。つまり月が満ち欠けをして、蛇が脱皮をして、生命が更新されて続いていく。人間の場合には妊娠と出産ですね。正確にはこの本を読んでいただきたいのですが、二匹の蛇が絡み合って交尾するイメージ、結ぶことと神社などのしめ縄、月の水が地上に落ちてそれを蛙や貝のような生き物が受けるというコズミックな生殖のイメージ、そして妊娠した女性像、そういった連想からできあがっている。古代人の想像力の世界だと思われるかもしれないけど、先日この本を読んでいる時にたまたま飛行機のなかで『君の名は。』というアニメを観たら、天体の破片が地上に落ちるとか、結ぶこと、神社、組紐など、縄文的な連想と重なって見えてしまいました。マタニティ・フォトなどを私たちが新鮮に感じる背景には、今も生きている神話的想像力があるのだと思います。

デジタルメディア時代のファッションからずいぶん遠い所に来てしまったような気もしますが、ぼくの話はこれで終わります。

討論・質疑応答

ファッションとアイデンティティ形成

高馬　それでは、討論の方に移りたいと思います。須藤絢乃さん、大黒岳彦先生、吉岡洋先生から、デジタルメディア時代のファッションというテーマに関して、さまざまなご提案・ご報告をいただいたかと思います。内容はあまりに多彩で、私には簡単にまとめることはできないんですが、皮切りにひとつ質問をさせていただきたいと思います。皆さんが微妙に近くて、微妙に違った見解を持ってらっしゃる点なのですが、私はやはりファッションとアイデンティティ形成との関係というところが気になっているのです。冒頭の問題提起で触れたのですが、ファッションの機能の一つとしてやっぱり、自分が自分じゃない、本当の自分じゃないという不安があり、それを物質的にあるファッションを身に着けることで、ありのままとは違う、自分がなりたい自分になる、そういう機能があるというお話をしました。

高馬京子氏

例えば、ボーダーを超えていく。ボーダーっていうのは、昔だったら例えば階級とか、今だったらジェンダーもありますよね。さっきの須藤さんのように、男の子が女の子になりたいとか、女の子が男の子になりたいという風にジェンダーのボーダーであったりとか。あとは民族。日本人が西洋人みたいになりたいとか。そういったいろんなボーダーを超えていくことを簡単に実現させるのがファッションの機能といわれていました。そしてデジタルメディアができたことで、このアイデンティティ形成というのが技術的にすごく発展したから、さっきの須藤さんが話されたように、なりたい自分にもっとなれちゃうっていう、そういう欲望を実現できてしまうという部分もあるし。

　そこで大黒先生に話を振りたいと思うんですけれども、コミュニケーションのためのネタという風におっしゃっていた大黒先生の場合は、アイデンティティ形成とか、そういうこととは全く関係なく、ただネタなのか？　でもそれとは微妙に似て非なるもののような気がしていたんですけれども。その辺、なんかお考えがあったら、そこから話を広げていただけますか。

大黒　実は、須藤さんの写真に関連して、「ナルシシズム」というキーワードが出てきたんですね。昨日ちょっと顔合わせでお会いした時に――これは僕の授業を受けている学生は知ってるんですが――僕がすごく自分が大好きな人間であることをカミングアウトしたんですよ。友人からも「大黒くらい自分が好きな人間もめずらしい」みたいなことをよく言われるので、たんに自分で思ってるだけじゃなくって、周りもそう思っているはずなんです。その一つの顕著な事例として、自分で言っちゃ元も子もないんですが、僕は自分の勉強机の前に自分のマスコットを置いているんですよ。

大黒岳彦氏

会場　（くすくす）

大黒　これは押上のスカイツリーの地下に、３Ｄプリンターで自分の複製を作るっていう場所があったので、面白そうだと思って作ったものです。ぼくは自分のマスコットを自分のデスクに置いて、日夜論文を書いているわけですが、これは果たしてナルシシズムなのかってことが、昨日ちょっと話題になったんです。僕としては、これはナルシシズムじゃないと言いたいわけです。

　ナルシシズムというのは、古典的なナルキッソスの神話とは違って、自分に欠如があること、あるいは将来欠如が生じてしまうかもしれないことを常に気にかけている状態のことだと思うんです。オスカー・ワイルドの『ドリアン・グレイの肖像』を考えればいい。つまりそこには、あるべき理想的自己が前提されていて、それと現在の自己との比較校合作業を常時強いられる。だからこそナルシシズムでは、比較作業のために「鏡」が必ず必要になります。ところが、ナルシシズムを超越した境地だと、僕みたいになる。僕って鏡、見ません。自分のマスコットは持っているんだけれども、鏡は決して見ないわけです。

高馬　いや、「決して」見ないなんてことはないんじゃないですか（笑）。

大黒　（爆笑）ナルシシズムって、自分を他者として見ているはずなんですよ。でも、僕は自分にくっついている自分が好きなので、つまりアウタルケイアなので、僕の状態はナルシシズムじゃないな、という気がしています。

ただ、今現在、例えば〈自立＝自律〉したコミュニケーションのなかで、自分の空想を自分を素材に使って具体的な形にして、なんかこう弄って（いじく）いるSNSというのは、やっぱりナルシシズムに向かっている行為なのかなという若干の気持ちもなくはないです。したがって僕は決してTwitterで呟きません。でも原理的な次元では、TwitterとかTumblrにおいていろいろ自己をアプリで改変する行為って、ぶっちゃけていうと、自己玩弄の行為だと思ってるんですよ。自己を素材にして、自分をいじくりまわす。そのことによってコミュニケーションを持続させていく。

おそらく、その時に、本当の自己って自分の内面にあるんじゃなくて、コミュニケーションのなかで自分というものを捏造している、というのが語弊があるとすれば、組み上げていこうとしているんじゃないのかなーというのが、僕の第三者的な感想です。

須藤絢乃氏

高馬　須藤さん、どうですか。

須藤　私の中では、ネタとしてのコミュニケーション・ツールという意味も含んでいるという感覚があります。写真を撮り始めた頃、自分の部屋で電気スタンドの光を顔にあてて、友達を呼んでこういう恰好をしようとかおしゃべりしたり。また、カツラをかぶったり、友達にメイクをしたり、ちょっとシャッター押してと言ったり、と結構テンションが上がる遊びというか……。

高馬　そうなんですね。

須藤　そうなんです。それから始まって、そういう遊びが作品に昇華していって、展示やSNSを通じて発表していくと、世界のどこかで同じようなことをしている人たちを見つけて、あれ？　みたいな。言葉も人種も、年齢も違っていたりするけれども、手法やスタイルがとても似ていて、真似されているような感覚になるくらい。実際は「パクる」「パクられる」というより、ネット上で自然に同時多発的なものが生まれてきているようです。自分の作品にもその一例が実際あって、当時一番よく利用していたSNSのTumblr上でタイムラインをスクロールしていくと、いろんな映像、画像が流れていくのですが、自分の作品にすごく似ているなっと思った作品があって、はっと目に留まったんです。それは私が作った作品のように、人物の目が大きく加工されていたりして。しかし、みんなが共通に持ってる、プリクラ的なイメージとも重なるし、こうした作品が生まれてくるのも自然なことかな、と思ったり。自分のやり方と一〇〇％同じではないし、そういうものもあるな、という程度に受けとめていたのですが。

また、私はTwitterを日本語で書いているのですが、ある日、英語圏の何人かからフォローされたんです。日本語のアカウントをわざわざフォローしてくるとは、何かの理由があるなと思いました。英語圏のどこかで誰かが数人私を話題にしてフォローしたんだろうと推測しましたが、その人たちは一体誰なんだろうと思い、Twitterと同じ名前のアカウントでインスタグラムを探したりすると、彼らがタグや相互フォローの情報からある一定のコミュニティに属しているらしいというのが分かってくるんですよね。それを突き詰めていくと、そのコミュニティのなかに、私がTumblr上で発見した作品の作者がいたんです。

高馬　そうなんですね。

須藤　その作品の被写体は、撮影した人のボーイフレンドだったんです。前からちょっと気になっていた人が、向こうからアクションを送ってきてくれている。実際、彼らに私のＳＮＳのアカウントがどんどんフォローされていきました。Twitter がフォローされて、Instagram がフォローされて、Facebook もフォローされて、どんどん迫ってくる感じ、見えない何かが（笑）。

高馬　怖い（笑）。

須藤　ある日、フェイスブックにもリクエストが来たので承認した瞬間に、メッセージがぽんって来たんですよね。「絢乃の作品のことが気になる」という内容で。私も以前から、相手のことがすごく気になっていました。そこには、ライバル的な気持ちもありながら、似た人が世の中のどこかにいるという感覚が強かったので、「私もあなたのことが気になっていた」というやりとりをきっかけに、チャットが始まるんですよね。

　私は毎年アートフェアに出展するために、ＮＹを訪れていたのですが、偶然にも彼らはＮＹに住んで、写真家やファッションデザイナーなどのクリエイター同志が四人ほどで共同生活をしていました。最終的にその子たちに会うことになりまして、Tumblr のタイムラインで見つけた被写体の男の子にも実際会って、その子とまたセッションしながら、作品を創るチャンスがありました。作品を見ただけだと、そういう背後にあるストーリーは見えてこないのですが、まさに遊びがすごいクリエーションに繋がっていくという感覚。それが、遊びでは留まらず、制作行動に転じて作品に変化していくということが起こっていきました。

高馬　質問していいですか。アイデンティティがいろいろな形になっても、それは全部、自分だって思うのですか。こういう自分になりたいと言って、服を着ていろんな自分になっても、それは全部遊びであって、アイデンティティ形成というようなことではない、ということでしょうか。

須藤　二つの感覚が存在していると思います。遊びというのは、軽い感じにも受けとれるのですが、遊びというきっかけがないとできないというところもあると思います。

　例えば、女の子になってみたいと思う男の子がいたとして、学芸祭で女装するとか。その時に女装したいという願望が満たされると同時に、クラスメイトとワイワイしながら変身していく遊びになっていくという感覚なのでは、と思います。

　私は作品の中でギャル男になっていて、それでも普通に美容室に行って、ギャル男雑誌の『Men's egg』を持っていって、ギャル男みたいにしてくださいって言うと、美容師さんも苦笑いしながら面白がって、私も心は真剣ながらも照れ隠しで笑いながら切ってもらったり。でも、そんなノリじゃないと突破できないというか。半分、遊びという口実の下に別の、アイデンティティ模索の実験をしていくという感覚はあります。

吉岡　最初遊びから出発するというのは大事なことだと思っています。僕も今、変な眼鏡をかけていますけれども……。

会場　（爆笑）

吉岡　これは今日のために用意した、一種のコミュニケーションのためのネタなんですけどね。この眼鏡がぼくの脳波を検知して、心の状態をＬＥＤの発光によって表現するという……。嘘ですよ（笑）。

吉岡洋氏

会場　（爆笑）

吉岡　本当はこれは「雰囲気メガネ」といって、ＩＡＭＡＳで同僚だった赤松正行さんが眼鏡の会社と一緒に開発した作品のプロトタイプなんです。フレームに小さなＬＥＤが仕込んであって、眼鏡のレンズの色をさまざまに変化させることができる。BluetoothでiPhoneとつながって、アプリからコントロールしたり、メールが来たら光で知らせるとか、そういうこともできるんですが……。さっきからやってるんですけど誰も気がついてくれないと寂しいと思って、自分から言いました（笑）。

会場　（爆笑）

吉岡　これまでの話、僕は共感する部分と、ちょっと違うなと思う部分と両方あります。ひとつはファッションの力っていうのは、それ無しでは出ていけないような世界に、それを身につけることによって出ていけたりする、というのが大きい。身につけることによって、自分が変わる瞬間っていうのが重要だと思うんです。

　コスプレもね、趣味でやっている人ももちろんいるけど、室井尚さんが代表者をしているポップカルチャー研究のプロジェクトで、何年か前にコスプレの活動している人たちを呼んで、話をしてもらったことがあるんです。引きこもりで世間に出ていけなかった子が、コスプレをすることでパブリックな場所に出ていけるようになることがあると。つまりファッションは鎧というか、そういう意味もあるんですよね。どんなファッションでも、これは多かれ少なかれあるんじゃないかな。

　さっき大黒さんが鏡を見ないとか言っていたけれど（笑）、僕は見ます。でも別に自分が好きな訳じゃなくて、ただ鏡に写った自分を見て、あ、これだったらここに行けるな、という感じ。鏡の自己イメージを見た瞬間に、自分がちょっとエンパワーされたり、完全にトランスジェンダーというところまではいかなくても、ジェンダー的なアイデンティティがちょっと揺らぐ、みたいなね。このちょっとの揺らぎが、ファッションという行為の中核にあるという感じがしますね。

　だから僕にとってファッションは、コミュニケーション的というよりは、むしろ実存的な意味をもったものなんです。

高馬　ありがとうございます。それではフロアの方からもぜひ質問や発言をしていただけたらと思います。どなたかいらっしゃいますでしょうか。

自己玩弄と着こなし

小池　米沢女子短大の小池隆太と申します。質問にいきますけれども、大黒先生がですね、記号の権力性という話をされていて、僕はバルトを専門としているから、そういう話題に過敏に反応したところはあるんですけれども、権力性ということを考えたときに、確かに権力というものが、今のメディア状況だと、大黒先生がおっしゃるとおり、拡散というかヒエラルキーにはなっていないと思うんです。
　ですが、ただ、今度はボードリヤールの自律性の問題はどうなるのかと。そこで大黒先生がお話のなかで、「着こなし」という言葉を巧妙に避けられて、あぁ！　と僕は思ったんですけれども、着こなしっていうのは、結局、仮にファッションを記号性と考えるのであれば、記号を個人のレベルでどう使うかという問題で、それはむしろ他の言語とか、記号とは異なっていて、――ここでは敢えてファッションという言葉を使いますけれども――ファッションにおいては、個人がそういうもの、着こなしとかセルフポートレイトですね、操作の段階においても、そういう次元において、逆に自分自身のものとして扱うことができるものではないのだろうかという風に私は思ったわけです。その辺りについては、どのようにお考えなのか、お聞かせいただきたいんですけれども。

大黒　難しいな、なんて言ったらいいんだろう。結局はバルトの議論の繰り返しになるんだけれど、僕が「着こなし」という言葉を避けたのは、着こなしという風に言っちゃうと、僕の真意がたぶん伝わらないだろうなっていう気がしたからなんです。

つまり、「着こなし（アビユマン）」(habillement) っていうのは、あくまでもマスメディアのパラダイムのなかでの個性表現として、例えば言語でいえば、パロールの次元で個性を表現する、原理的な統制のなかでの偏差や逸脱に過ぎない。ゴフマン的な言い方をすると「役割距離」としての「個性」表現に過ぎない。つまりモードっていうのは大衆を統合しつつ、でも個性も表現させるっていう、極めて巧妙なシステムだと思うんですよ。そのなんて言うのかな、統合の枠組みを提供するのが、例えばオートクチュールであったり、マスメディアであったりすると思うんですね。あるいは、モデルであったりすると思うんです。

おそらくネットワークメディアにおいては、モデルとか、あと今年の流行とかっていうのがネタ化していっちゃって、パロディにしかならない。例えばさっきの例でいうと、イネス。ユニクロとイネスっていう組み合わせ、ありますよね。僕、ユニクロとイネスが組んだ段階で、イネスの価値は暴落すると思うんですよ。あるいは、ハリス・

ツイードというのは一〇〇均で売られてたりするわけですよね。すると、ハリス・ツイードの価値は暴落するわけですよね。もうちょっと顕著な例でいうと、たとえば渡辺直美っていますよね。ビヨンセを真似する人ですよ。太っているんだけど、ものすごく動きが機敏な物まね芸人。あとちょっと古いけど、はるな愛っていうのがいて、ややの真似をするわけですよ。ふつう、マスメディアのパラダイムでは、パロディって権力批判になるわけですよね。権威を茶化すっていうか。ところが、あまりにもコピーが氾濫しすぎると、どういうことが起きるか。ビヨンセを見ていると、渡辺直美を思い出して、「ぷっ」となっちゃう。あるいは、オリジナルのあややが消えて、はるな愛が残るみたいな。僕、こういうのってモードの自家中毒というか、なんかまずいんじゃないの、って思うわけです。つまり、マスメディアとネットワークメディアが、モードをめぐって喰い合いが亢進していってて、結果として価値暴落が起きている状況じゃないのか、という気がしてます。

おそらく、さっき僕ね、自己玩弄っていう言葉を使ったけど、つまりアプリで自己を改変していくのって、果たして個性の表現なの?とか、それってちょっと違うんじゃないの?っていう気が、なんとなくしちゃっています。

だから、僕は逆にいえば、マスメディアの時代においてモードをいかに着こなすのかというのは、たぶん個性の表現になりえたと思うんだけれど、今の遊戯的な自己玩弄のファッションって、やっぱり着こなしとはあんまり言いたくない。髪の毛をいじくったりなんかしますよね。あと貧乏ゆすりとか。自己玩弄行為って、ああいうのと似ているんじゃないのっていう気さえするので、あんまり着こなしっていう言葉を使いたくないな。それが答えになっているかわからないけれども。

高馬　ありがとうございました。じゃあ、すみません。他に~谷島さん。

セルフィーと自己のアバター化

谷島　谷島貫太と申します。須藤さんの作品を拝見して、セルフィー的な実践が一般化しつつあるなかで、セルフィー的なものを極端にすることによって、ある種、批評性をもった作品にまで昇華させているのだと感じました。そこでお聞きしたいのですが、自己イメージを個人で広く流通させることが可能なメディアが広まっていくと、自己イメージの操作についてのメタ意識がどんどん発達していくのではないかという印象があります。そうした自己イメージの操作の手段の一つとして、たとえばアバターが挙げられると思います。自己の分身としてのアバターをいろいろ飾ったり、場面によって使い分けたりということはいまでは普通にされていますが、吉岡先生がおっしゃっていた防衛という点でいうと、これは自己イメージを自分から切り離して社会とのインターフェースとして機能させている、という風にもいえるかと思います。アバターに社会の相手をさせることで、自分を安全なところに置く。いわば自分の外にあるアバターの場所に社会に対する自己の防衛ラインを置くわけです。しかしセルフィーになると、自己の外にあるアバターではなく、自分身の顔を盛ったり飾ったりすることで自己を防衛するわけですよね。顔という、自分自身の存在にとってもっとも親密な地点に防衛ラインを置くというのは、より危ない防衛戦略、防衛のゲームになっているのではないか、とも感じます。アバターの方がより対象化しやすいと思うんですよ。自分とアバターはちがう。でも、セルフィーとか自分の顔になると、それは自分自身であるわけです。セルフィーも自分を対象化しますが、アバター的な自己対象化と、セルフィー的な自分自身の顔を使った自己対象化は大きくちがうのではないか、と思うところがあり、この点についてどう考えるかおうかがいできればと思います。よろしくお願いします。

高馬　これは須藤さんと吉岡先生に対する質問ですね。

吉岡　おっしゃっていることはよくわかるんですが、「自己のアバター化」みたいな印象を受けるんですよね。

須藤　そうですね。

吉岡　要するに、どこかに確固とした「自己」があって、それを防衛するものがある。でも、自分自身をセルフィー的に見せてしまったら、防衛にならないではないか？って言われたら、たぶん最も強い鎧は生身の自分自身かもしれない、みたいな感じかなーと、僕は思っているんです。そうではないですか。

須藤　最も強い鎧、その鎧っていうのはフィルターがかかってない自分自身？

吉岡　自分を護るためにあえて晒すっていうか。お化粧でもファッションでも、素人は自分の欠点をいかに隠すかっていうことを考えるんだけど、プロのモデルの人とかは、自分の欠点を晒しつつ、それをいかに魅力に転化するかを考えるじゃないですか。生身の自分を最強の鎧にするというのは、そんな感じかな。

須藤　そこまでたどり着けたら、もう無敵ではあるなっていう風には思います。

会場　（爆笑）

須藤　ふふふ（笑）。アプリが発達しすぎて、素顔じゃなきゃ嫌だ、素の自撮り以外は絶対無理とか、上げれないとか、そういう子もいたり。あと私もセルフィー撮って、アップロードしているときは絶対何かしらの美肌アプリ的なものをかけないとSNSに出したくないということの方が多いんです。

ＳＮＳなどでモデルさんを見ている子たちっていうのは、Photoshop やアプリのフィルターのかかった状態のイメージを見ていることが多いと思います。吉岡先生のおっしゃる、自分の欠点を活かす人たちとはまた別の話で、実際に整形手術や Photoshop を幾重にも重ねて現実とはかけ離れたイメージを発信し続ける、ＳＮＳだけに存在するインフルエンサーという人たちもいます。

高馬　二次元でしか生きられないということですか。

須藤　二次元でしか生きれないという子もやっぱりいて。東京に来てから、そういうインフルエンサーの人たちが集まるようなところに赴く時があるのですが、実際彼らを見ると、全然印象が違うことも多々あります。そういう感じになっちゃうんですよね。たぶん本人たちも、見ている私たちもアプリできれいになっている自分がアイデンティティとしてあって、だんだんとそれがエスカレートしていって、自分の姿を鏡で見れば見るほど、ノーフィルターの状態が醜く感じられて恐ろしくて……。

高馬　そうなんですね。

須藤　現実の顔にもphotoshopをするように、本当に整形手術に走ってしまう。五九八〇円ぐらいで二重瞼の手術ができるという広告が出ていたり。本当にアプリと同じような感覚で、身体の改造というものができてしまう。私も常にそういったイメージにさらされています。

撮影の仕事をするなかでレタッチのみの仕事というのもあります。被写体によっては、美容整形をしてる痕が見えたりとか、それを消す指示もあります。そうした編集済みのイメージを見ても自然に仕上がっていると、何の疑いもなく、もともとそうであったのかのように見てナチュラルでかわいいな、と思ってしまう。でも、依頼がくる時は元データにいっぱい赤文字で修正指示がついて送られてくるんですね。もっと皺消してとか、もっとここを削ってとか。赤文字だらけで写真が送られてくるのですが、ここまでいじったらサイボーグでは、という感じで。でも、それを修正しないと、世の中に出せない。

修正された画像が世に出て、みんなはそれが自然だと思っていて、「この子は、二重瞼であごも細くて顔も小さくて可愛いのに、一方私は……」みたいなことが起こってきてしまう。そしてTwitterとかインスタとか見ていると、タイムラインに美容整形の広告が出てくる。ＳＮＳで消費されるイメージが生身の身体に影響していく感じがします。

高馬　じゃあ室井先生、お願いします。

モード／ファッションの終焉？

室井　横浜国大の室井尚です。今回高馬さんが割と明確にコンセプトを立てられたのが、やっぱりモードとかファッションとか、特に高馬さんたちが影響を受けた『ヴォーグ』とか『エル』とかのファッション雑誌ですね。そこでどういう言説が語られてきて、それがどういう風に女性が、特に女性だけじゃないですけど、ファッションの幻想みたいなものに巻き込まれてきたかっていう問題があった。でも、それがこの十年、二十年くらいの間に状況がすごく大きく変わってきたんじゃないかと。それはもう端的に言ったら、マスメディアというか、ファッション雑誌というものを、あまりもうみんな見なくなっちゃったということ。そしてモードとかファッションとかいうものが終わりつつあるんじゃないか、という問題ですね。さっき大黒さんが言ったように、マスメディアからネットワークメディアに変わってきて、これまで有効だったものが、もう有効じゃないんじゃないかっていうのが、ひとつ問題提起としてあったと思うんですよね。

それに対して吉岡さんが言ったように、一世紀くらい経ってみないと、まだ分かんないところもあるし、大黒さんが言ったみたいに、マスメディアというか大量生産システムというのが、今の社会を作っているんで、これが一挙に崩れちゃったら、もう僕たちは何を信じていいかわからなくなる。国際規格みたいなものも、マスメディアの規格化っていうのは大量生産の基本的なあり方ですから。ユニクロを着ているって言うけれど、ユニクロはもう完全にマスプロの商品だし。というようなことで、そう簡単に変わらない。

ところで吉岡さんがかけていたあの眼鏡、誰か操作している人が別にいるんですけどね。

会場　（爆笑）

室井　あと、もう一つ吉岡さんが今日言及した話題で気になったのは、避雷針が付いている傘。あの十八世紀って、もちろん活版印刷はあるんですけれども、マスメディアではなくて、基本的にはまだ数百部とか、せいぜい数千部くらいしか作られなくて、今で言ったらSNSみたいなものだと思うんですよね。フランクリンの友達などのなかで、どう?これ面白いだろうみたいなことで廻っているって意味では、今のTwitterみたいなものですね。

そのころ日本はまだ江戸時代ですから、オランダから持ってきた『ターヘル・アナトミア』みたいなものを、みんなで写したりしていた。そんなことを考えてみると、マスメディアだって、そうやって、長いことかけて、どんどん広まっていって、世界をゆっくり変えてきたんで、おそらくこれからゆっくり世界は変わっていくんだろうと。

昨日のセッションみたいに、やっぱり紙のメディアって大事だよねっていう風にこだわる人も、まだ当分生き残るだろうし、一方では須藤さんが言ってるように、もう紙なんかうざいからネットで十分楽しいっていう人も併存する。

須藤さんはアートだって言ったけれど、アートもマスプロダクションなんですよね。モナリザだって、みんななんで知っているのかって言ったたら、写真だとか新聞だとか、いろんなところでマスプロによって、モナリザ観に行きたいとか、ルーブル行きたいって思うわけでしょ。だからアートっていうのは、実はマスメディアのものなんですよ。

それがネットになるとね、もう全然違ってきて、今もうすでにそうですけど、ネットのファッションデザイナーっていうのは、要するにコミケみたいなところで、同人誌ですごい年収稼いじゃうみたいな人たちもすでに出てきていて、それがおそらく同時に進んでいくんだと思うんですね。

今日の水島さんのストリートの話でもそうだけれども、ストリートも雑誌みたいなものに影響される時代から、ＳＮＳだとか、もっと小さいネットワークメディアに移っているということがよく分かる。

もう一つの問題は欲望ですね。どうしてセルフィー撮りたいのとか、どうしてこういう風な自分になりたいのってことが、やっぱり残るんですね。ですから、その二つの論点がすごく明確になったと思うんです。

それから男ってどうなのかな、ということも思った。『エル』とか『ヴォーグ』とかと違って、男のファッション雑誌って女の子にモテることしか目的としてない気がするんです（笑）。男にとって「着る」とは何かっていうのも、ちょっと疑問として残りました。ただ、僕は今日初めて須藤さんから聞いて、あぁ、俺ってヘルス・ゴシックなんだって、気づいたので（笑）、全然、意識していなかったんですけども、ヘルスゴス推しってことがよくわかって、大変面白かったです。ありがとうございました。

須藤　雑誌媒体はもうつまらないといった話が出ましたが、私はまだまだ可能性があるというか、また新しい流れが出てくるような気がしていて……。さっき吉岡先生がお話されていた生身の自分を見せるということですけど、例えば目がすごく離れていたり、前歯が抜けているモデルさんなどが、今注目を集めているんですよね。新宿のとある服屋で働いているAくんっていう男の子が、前歯が無くって、丸坊主で、Tシャツに、女の子のはくようなぴたぴたのスカートを履いたり、クロックスみたいなサンダルを履いたりとか。

さきほど私の『幻影』っていう行方不明の女の子のシリーズ（一一〇頁図4）の時に話をした、表に出てこない服装とかコーディネートっていうものが、ストリートでだんだん熱を帯びてきた感じになってきている印象がありますね。

その新宿にある店に集まる人たちっていうのは、もちろんSNSにも現れてはくるんですけれども、彼らは、オフラインでの生身のコミュニティっていうので強くつながっていて、オンライン上でみんながそのグループを羨ましそうに見てるっていう構図が、今出てきているように思います。

ついこの前までは、アプリで撮ったかわいいセルフィーで、きれいになった女の子たちの真似をするということがありましたが、人間らしい生活感のある生々しさというものが今SNSのヴィジュアルイメージとして出てきてるという印象があって、紙媒体や実際の場所であったりとか、ネットに出てこない秘密のものみたいなのが、じわじわ来ている気がします。

高馬　どうもありがとうございました。

après-propos――セッションの後に

大黒岳彦

本稿は、本書に収録された、筆者もパネリストとして登壇したセッションが行われてからおよそ一年半強が過ぎた時点で執筆されている。いまから振り返ると、勤務校の同僚でもある大会実行委員長・高馬京子氏の巧みな慫慂が機縁をなしたとはいえ、また筆者がＮＨＫ勤務時代に取材した室井尚先生と久方振りの再会を果たせたという予期せぬ〝余得〟があったとはいえ、「万年Ｔシャツ」「季節感のない男」とそのファッションセンスを同僚から虚仮(こけ)にされている身でよくもあの場に立てたものだと、今さらながら自らの蛮勇に感心する。

にもかかわらず「ファッションという現象」、より厳密には「モードという機制(メカニズム)」が社会の存立と維持にとって持つ重要性に気づくことができたという点で、本セッションに参加できたことは筆者にとって僥倖であったとつくづく思う。セッション後に上梓した『ヴァーチャル社会の〈哲学〉――ビットコイン・ＶＲ・ポストトゥルース』（青土社）において、セッションでの報告や討議を踏まえつつ、またそこでの議論を敷衍するかたちで、モードをメディア論的・社会哲学的なアングルから分析する章を立てた（第二章「モードの終焉と記号の変容」）ので興味のある向きは参看されたい。本稿はセッション解題の建前を採るが、実質的には、セッションにおいて潜在的(ヴァーチャル)には存在してはいたものの、拙著においても充分に展開されずに終わった論点を改めて顕在(アクチュアル)化することを心懸けたい。その意味で拙著第二章の補遺という性格も併せ持つ。
ただし、紙数が限られているため厳密な論理展開は元より断念されている。したがって論点の概要のみを論証抜きで書き連ねるエッセイ風、もしくは研究ノート風の体裁を採用せざるを得ないことを予めご承知おき願いたい。

*

「セッションにおいて潜在的(ヴァーチャル)には存在していたが、充分に展開されずに終わった論点」とは、身体性とジェンダーをめぐる問題系である。セッションでも著書においても、「記号」という専ら〈形相的なもの〉のアングルからモードにアプローチする問題構制(プロブレマチック)(problématique)を採ったため、モードのもう一つの重要な契機である〈質料的なもの〉すなわち身体性に対する考察が手薄になった事実は否めない。しかも、このモードにおける身体性の問題領域は、〈性/性差〉(sex/gender)の区別が鋭く焦点化される〈場所(トポス)〉でもある。

事態を複雑にしているのは、「身体」という〝実在〟や「性(セックス)」という〝自然〟にわれわれはダイレクトにはアクセスできない、もっと明け透けにいえば、そのようなあるがままの〝実在〟や〝自然〟は社会的構成物に過ぎず、そもそも存在しない、という点である。こうした認識は、ジュディス・バトラーによる〝性(セックス)〟という生物学的本質の否定と、〈性差(ジェンダー)〉的パフォーマンスの反復によるその実体化の告発(『ジェンダー・トラブル』)、ダナ・ハラウェイによる〈男/女〉〈人間/機械〉〈飼い主/ペット〉といったさまざまな〝種〟差的区別の人為性の指摘とその実践的な混淆化の戦略(『サイボーグ宣言』)によって、ジェンダー論の分野でも共有されつつある。

翻って、モード論の分野では鷲田清一が、メルロ=ポンティを敷衍しつつ現象学的に〈筆者の枠組みからはむしろマクルーハンに沿いつつメディア論的に、ということになるが）衣服を身体の延長とみなすことで、モードにおける身体性を主題化しているものの、衣服が制度的規範として捉え返されることで、やはり最終的には制度（衣服）による自然（身体）の包摂・馴致という図式に議論は収束する。つまり、モードにおける身体《コール》（corps）とは、衣服《コスチューム》（costume）という〈メディア〉を介してより外《ほか》アクセス不可であって、衣服の〝ヴェール〟の隙間から覗き見られるものでしかない。それと全く同じ道理で、モードにおける性《セックス》（sex）もまた、個々の着衣実践＝身なり《アビユマン》（habillement）という〈メディア〉の廻り道を通じてのみアクセスできる。厳密には、着衣の反復というパフォーマティヴな〈性差《ジェンダー》〉実践を通じて〝性《セックス》〟は構成される。この着衣の反復という身体的で行為遂行的《パフォーマティヴ》な個々の具体的実践《プラークシス》（πρᾶξις）は、封建的環節社会においては「伝統」によって、近世的階層社会においては「趣味《ボン・グウ》」（bon goût）によって水路づけられ、それぞれの時代における〝実体〟的＝〝本質〟的〝性《セックス》〟表象をイデオロギーとして結晶化＝物象化させてきたが、近代の機能的分化社会において着衣実践における性差《ジェンダー》的〝規範〟を密かにわれわれに刷り込むことで、われわれが今日抱いている〝性〟イメージを結実させ、維持してきたのはマスメディアという社会的装置である。

*

シンポジウム報告においても、拙著『ヴァーチャル社会の〈哲学〉』においても、記号としてのモードが、マスメディアのヒエラルキカルな権威的構造を後ろ盾にしつつ或る種の〝規範〟性を獲得してゆく機制《メカニズム》を筆者なりに指摘したつもりであるし、またロラン・バルトとジャン・ボードリヤールが記号とマスメディアとの〝共犯関係〟をそれぞれの立論に組み込んでいる点に徴して、諸他の文化記号論者に比しての両人の優越を認定しもした。ただし、二人の立論に瑕疵(かし)がないわけではない。その瑕疵のうちでも看過できないのは、モードが言語のメタファーに即しつつ「記号」として扱われることで、考察が認知的水準に封じ込められてしまうことである。モードにおける実践的・身体的・行為遂行的(パフォーマティヴ)水準が認知的水準へと切り約(つづ)められてしまっているのである。この代償は高くつく。バルトの『モードの体系』において衣服そのものが論及の射程から零れ落ちるのは、この措置の所為(せい)であるし、さらに重大なのは、身体性が顧慮されないことで、モードにおける〈性差(ジェンダー)／性(セックス)〉という問題系がそっくり抜け落ちてしまうことである。というのも、モードにおいて〈性差(ジェンダー)〉パフォーマンスの反復的オペレーションの連鎖的接続が〝性(セックス)〟という〝実体〟＝〝本質〟へと物象化される実践(プラクシス)とは、認知的水準における記号的実践ではなく、相互行為水準における身体的実践だからである。

　このバルトとボードリヤールの記号論的問題構制における死角を掬い上げ主題化したのがアーヴィング・ゴフマンである。彼は晩年の著『ジェンダー広告』[*1]において、バルトがそう看做したのとは違い、モードを認知的次元における記号流通にではなく、身体的次元における所作模倣に探ってゆく。つまり、ゴフマンにとっては、バルトにあってのようなモード誌の閲読がではなく、〈性差〉露出的(ジェンダー・ディスプレイ)、〈性差〉確認的相互行為の連鎖的接続がモードの〝棲息〟圏域となる。これにともないモード概念そのものも、ポーズや所作を含めた身体作法の一要素として捉え返され、相互行為連鎖のなかに位置づけ直される。また、分析の素材もバルトのモード論では扱いが断念された「図像」が使われる。

＊

＊1　E.Goffman, *Gender Advertisements*, Macmillan, 1979.

モードに対するアプローチのこうした相違にもかかわらず、〈性差(ジェンダー)〉パフォーマンスの相互行為連鎖において〝規範〟的役割を果たすのが、やはりマスメディアであるとゴフマンが考えている点は重要である。もちろん、バルトの見立てとは異なり、それはモード誌において専一的に呈示されるのではなく、マスメディアのさまざまなプログラム（とりわけ広告）にみられる写真の構図やポージングにおいて最も典型的なかたちで現れる。具体的にいえば、女性が自分で自分の体に触れる「女っぽい自己接触(フェミニン・タッチ)」（feminine touch）、ゴフマンが皮肉を込めて「公然たる引っ込み思案(ライセンスト・ウィズドローワル)」（licensed withdrawal）と名づける、逸(そ)らされた視線や塀や壁に寄りかかるポーズに示された、寄る辺のなさや内向性の強調、指を噛む仕草などに見られる「幼児化(インファンティリゼイション)」（infantilization）、存在の不安定さを暗示する曲げられた脚、傾(かし)げられた頭、捩(よじ)られた胴、そして極(きわ)めつけが男性への従属を象徴する、直立する男性の足下で女性が横たわる構図、である。こうして、相互行為連鎖における性差(ジェンダー)的モード〝規範〟はバルトが定式化した言語に範を採った統辞法のかたちにおいてではなく、所作における、誇張され単純化され縮約された〝儀礼(リチュアル)〟のステレオタイプとして大衆に供される。マスメディアが大衆に示す図像的(イコノグラフィック)に〝常套句(クリシェ)〟化された〝儀礼〟的〝規範〟をゴフマンは広告の超儀礼化(ハイパーリチュアライゼーション)（hyper-ritualization）と呼ぶ。

〈超儀礼〉については、認知的記号水準におけるボードリヤールの超現実(ハイパーリアリティ)（hyper-reality）概念との関連解明が強く使嗾(しそう)されるが、ここで改めて確認しておきたいのは、認知的水準における記号連鎖においてばかりでなく、身体的水準における相互行為連鎖においてもまた、マスメディアのヒエラルキカルな構造である〈放ー送(ブロード・カースト)〉が〈超儀礼(ハイパー・リチュアル)〉の規範性を支えていることである。マスメディアは日常的相互行為のなかにも〝規範〟として忍び込んでいる。ゴフマンが『フレーム分析』[*2]において三面記事に事例を求めた理由もここにある。

＊2 E.Goffman, *Frame Analysis: An Essay on the Organization of Experience*, Harvard University Press, 1974.

*

モードに内在する〈超儀礼〉というマスメディアの権威的〝規範〟によって〈男性的（マスキュリン）／女性的（フェミニン）〉(masculine/feminine) という二項対立的なシェーマが身体の次元で知らず識らずのうちに受容され、模倣的な行為連鎖が繰り返されることで二項の〈自立＝自律〉性は強化され自明視される。その結果として成立をみるのが〝実体〟＝〝本質〟としての対極的かつ相補的な〈男／女〉の〝性（セックス）〟である。

問題は、〈超儀礼〉の要石（かなめいし）をなしていたマスメディアの〈放－送（ブロード・カースト）〉体制が現在、インターネットの〈ネットーワーク〉体制に挿（す）げ替えられつつあることである。これにともない、身体的水準のモードもまた〈超儀礼〉の〝垂直〟的模倣から、YouTube で一世を風靡した「ＰＰＡＰ」や動作ベースの新手のＳＮＳ「TikTok」の流行にみられるが如き遊戯的連鎖としての〝水平〟的模倣へとその〝棲息〟圏を転じつつある。何よりも注視すべきは、マスメディアの権威的構造によってこれまで維持されてきた〈男性的／女性的〉という二分法、〈男／女〉という対立的な性本質の構成、の天下り（トップダウン）的刷り込みの構造が崩潰しつつあることである。それに替わる恰好で情報社会において擡頭してきた立場こそ、従来の二元的〈性差〉はもちろんのこと、多元化されてはいるものの結局は〝規範〟の類型的鋳型に過ぎない「ＬＧＢＴ」というステレオタイプを顧慮することのない、個別的で個人的な〈性差〉示威（デモンストレーション）、すなわちネットワークの各ノードから発される、〈性差〉露出（ジェンダー・ディスプレイ）の〝アナーキズム〟としての「クィア」(Queer) である。モードにおけるジェンダー布置もまた、このように、その根底において〈メディア〉に規定された歴史的に相対的な文化形象なのである。

哲学のファッション

吉岡　洋

ただそこにある物のように
生きたいんだ意味もなく
（ゆらゆら帝国「昆虫ロック」一九九八年）
（JASRAC 出 1904790-901）

ファッションとは何か？　それはとりあえずは、この世界に生起するひとつの現象であり、それについて誰もが自分なりの態度をとったり、ある場合にはそれを仕事にしたり、また研究したりすることのできる、ひとつの対象領域である。ファッションに実存的にコミットし、ファッションなしに生きるなんて考えられないと思う人もいれば、一方、ファッションなど自分にとっては無縁な世界だと感じている人もいる。ファッションを仕事や研究の対象にする場合でも、ファッションへの自分自身のこだわりが強い動機となっている場合もあれば、単なる職業的あるいは学問的関心からのみファッションを取り扱うという場合もある。

常識的な観点からするなら、ファッションとは生産力の余剰によって産み出される文化現象あるいは記号現象であって、人間の生存にとって必要不可欠な活動ではなく、あればたしかに生活は豊かになるかもしれないが、なくても別に困らない贅沢品であるかのようにみえる。たしかに、ファッションをいわゆる「ハイ・ファッション」「モード」というモデルで理解しているかぎり、そうみえるであろう。けれどもファッションをより広い視野から考えると、事態はそれほど簡単ではない。より広い視野というのは、人間は衣服、あるいは何らかのモノを身に纏（まと）うかぎり、誰もファッションから逃れることはできないのではないか、という観点である。たとえ裸になったとしても、それは衣服の不在という「意味」を身に纏っていることになるからである。

たとえ自室に引きこもって誰にも会わない時でも、自分のからだは常に「見られる身体」として存在している。人間が社会的動物であるというのは、人間は何らかの社会を形成する生き物だという意味ではなくて、たとえ独房で一生を終えようとも、他者の視線は自分の中に内在しており、自分は常に誰かに見られる対象として存在しているという意味である。ファッションを根本的な仕方で定義するなら、それは自己が「見られる存在」として現れる、その現れ方のことである。このように考えると、ファッションとは世界内のある限定された現象や領域などではなくて、意識するか否かにかかわらず、主体の奥深くまで入り込んでいるひとつの「力」あるいは「宿命」のごときものであることが分かる。ファッションの問題とは、自己をめぐる普遍的な問題なのである。

ファッションは思考にとって外在的な話題ではなく、むしろ思考を内側から貫いているテーマである。たとえばロラン・バルトの『モードの体系』は、「モード」が生み出す膨大な言語活動（ファッション雑誌の言説）を、錯綜した意味作用の織物として解読する試みであり、ファッション研究においても記号論研究にとってもきわめて重要な著作であることは、万人の認めるところである。だがこの本はかならずしも、ファッションをめぐる言説をもっぱら客観的な「対象」として気楽に眺めているものではない。ファッションの言説は思考に揺らぎを与え、この揺らぎが認識の契機となる。『モードの体系』が記号論にとって重要であるのは、それがファッション言説の記号論的分析であると同時に、ファッション言説を通して、そもそも記号論的分析とはいかなる言語実践でありうるかというひとつのモデルが、そこに提示されているからなのである。

最近翻訳された『ファッションと哲学』[*1]は、マルクスやフロイトからジュデス・バトラーにいたる二十世紀の哲学者・思想家たちの思考のなかに、ファッションについて語るためのヒントや理論的な道具を探ろうという野心的な試みである。そこには、すでに「学問」として認知されている有名な思想家たちを参照することによって、ファッションという主題を学問的研究の地位に引き上げようとする強い意志も感じられる。個々の試論にはたいへん興味深いものもあり、また牽強付会と訝られるものもあるが、昨今の新しい唯物論（ニュー・マテリアリズム）の運動も追い風になって、文化研究における新たな世代の勃興が感じられる好著である。

が、こうした本が翻訳される日本の状況はといえば、監訳者の蘆田裕史が「あとがき」で述懐しているように、一九八九年に鷲田清一が『モードの迷宮』[*2]を上梓した時は恩師から、哲学者がファッション論を書くなんて「世も末だな」と言われたり、最近でもファッションで卒論を書きたいと指導教官に伝えた学生が「学術的な貢献ということを考えなさい」などと言われたらしい。だがこのことは、ファッションがいまだ学問的研究のテーマとして認知されていない現実を示すというよ

*1 アニェス・ロカモラ&アケネ・スメリク編『ファッションと哲学』フィルムアート社、二〇一八年。

*2 『モードの迷宮』中央公論社、一九八九年。のちちくま学芸文庫、一九九六年。

り、ファッションなど研究に値しないと一蹴するアカデミズムの方が、知的活動としてすでに死んでいることを示す徴候にほかならないと思う。

それにしてもなぜ、ファッションなど学問の研究対象にならないと考える人がいるのだろうか？　それは「学者」のステレオタイプなイメージがいまだに、浮世離れした、身なりなどに無頓着な人物の類型として思い浮かべられるからである。逆に、身なりを気にするような人は学者らしくないと思われているわけだ。だが、本当にそうだろうか？　上述のようにファッションを広く理解するなら、「身なりなど気にしない」というのはひとつのファッションである。私自身、かつて大学教員のある同僚から懇親会の席上で「吉岡さんは自分の着る服は自分で買うの？」と聞かれたことを思い出す。「そうですよ」と答えると彼は「僕は自分で服なんて買ったことがない。うちの奥さんがスーパーで買ってきたのをそのまま着るだけで、ファッションなんて無縁ですよ」と自虐的（かつ嬉しそうに）述べるのを聞いたことがある。だが、こうした学者っぽい人がファッションに無縁というのは真っ赤なウソである。なぜなら、もしも奥さんがいつもと違うオシャレな洋服を買ってきたら、彼は「こんなもの着られるか！」と怒り出すにきまっているからだ（もっとも奥さんは彼の好み――「自分は身なりなど気にしない」ように見えるファッション――を熟知しているだろうから、けっしてそんな失敗はしないと思うが）。

このように、学者という存在もまた――ファッションに無自覚であるというまさにその点において――ファッションから逃れられないことは明白である。それでは、学問や思想それ自体はどうであろうか？　少なくとも近代以降においては、学問や思想もまたファッションから独立に存在することは決してできなかったのではないか、と私は考える。たとえば、ドイツ観念論はかつて強力な思想的ファッションであった。マルクス主義や精神分析は言うに及ばず、構造主義も、ポスト構造主義も、そして現代の思弁的唯物論も、もちろん思想上のファッションである。哲学的なレベルは低いが昨今世間を騒がせている「人工知能」とか「シンギュラリティ」をめぐる思想もまたそうである。そして哲学のファッションにおいてもまた、衣服のファッションにおいてと同様、私たちは常に、強力な思想のモードに帰属したいという欲望と、どうしてもそこから逸脱してしまう身体との間の、葛藤のなかに置かれている。こうした葛藤が存在することが、正しい状況なのである。

だが新自由主義の支配する今日の社会環境では、こうした葛藤を経験することが困難になっている。市場原理と技術的効率化が支配する社会においては、いかにして自分をそうしたシステムに最適化するかが、誰にとっても唯一の課題であるかのように現れるからである。すなわち、そこではファッショナブルであることが至上命令となる。ファッションと身体との葛藤は隠蔽されてしまい、いわば「ファッション」が「ファッショ（ファシズム）」に変質する。そこでは、社会生活のあらゆる局面において同一の原理が支配するようになる。たとえば、インターネットはマスメディアの画一性から人々を解放する仕組みであったはずなのに、私たちはみんな、みずから進んで同じようにスマホを操作し、同じような情報――「インスタ映え」する画像など――を交換することによって、より徹底的な画一性をみずからすすんで選択させられているのである。

こうした状況において、郡司ペギオ幸夫の提唱する「天然知能」というアイディアは、きわめて重要な示唆を含んでいると考えられる。[*3] 天然知能とは、人工知能に対する自然的知能のことではな

＊3 『天然知能』講談社選書メチエ、二〇一九年。

い。コンピュータはしょせん生きた人間の知能には及ばない、といったヒューマニズム的な批判とは全く違うのである。天然知能の「天然」というのは「あの子は天然だから……」というような意味の天然である。より理論的にいうなら、知覚できないにもかかわらず存在する「外部」とともに作動する知能のことであり、創造行為はこうした知能によってのみ可能になる。さてファッションという観点から興味深いことは、こうした知能はけっしてファッショナブルではありえず、むしろ「ダサカッコワルイ」ものとして現れる、と著者が言っていることである。一見ダサくみえるものが実はカッコいい、というのは、現代では最高にファッショナブルである。それに対して「ダサカッコワルイ」というのは、不可知の外部を前提するために、既知のいかなる基準によっても比較・評価できないものの指標なのである。

デジタルメディア時代のファッションにおいては、伝統的なモードの世界とは異なり、田舎クサいもの、ダサいもの、野暮なものがどんどん「本当はイケてる」ものとして、ファッション・システムの内部に回収されてゆく。それはそれとして興味深い現象ではあるのだが、それは同時に生の「天然」的なあり方——無根拠に、意味もなくただ生きているというリアリティ——が見えなくなってゆく、危機的状況でもあるのである。

第Ⅳ部 記号論の諸相

研究論文

「自己制御」とその極としての「希望」あるいは「偏見」——パースにおける「共同体」

佐古仁志

はじめに

私たちはどのようにして社会的・文化的な共同体の一員になるのか。本稿ではその手がかりをC・S・パースにおける「自己制御」とその極としての「希望」（あるいは「偏見」）に求める。パースの「自己制御」には変遷があるものの、その最終的な要点は、「習慣」として目的を達成できるように行為を制御する点にある。他方で、パースはそのような「自己制御」が共同体の「希望」に向けてなされるとも考えている。これら二つの考えを総合するならば、私たちは社会的・文化的な「希望」を達成するように行為を「自己制御」することでその規範を身につけ、共同体の一員となると考えることができるのではないか。

具体的には、パースにおける「自己制御」の展開をふまえつつ、美学、倫理学、論理学からなるパースの「規範学」に注目する。それから、「自己制御」が「希望」により開始されるとパースが述べている点に注目し、「希望」について考察する。最後に、パース自身は考えていなかったと思われるが、彼の「批判的常識主義」を媒介にすることで、「希望」だけではなく「希望」の裏返しとしての「偏見」もまた共同体を形成しうるという点について論じる。

一　パースにおける「習慣」あるいはプラグマティシズムの方法における「自己制御」

まずは、本稿における「自己制御」の位置づけを明らかにすることから始める。以前に検討したように、「（究極的な論理的解釈項としての）習慣」は知的概念の意味を確定する方法であり、それはきっかけとして外的世界からの作用（「驚き」などの「抵抗」）を必要とするものの、あくまでも内的世界における想像の作用により、数々の相対的な未来への予期という段階を経て、その振舞いの傾向に影響を与えるよう身につけられるものである（佐古 2014）。

また、そのような「習慣」（知的概念の意味）が、おもに「驚き」という「抵抗」にもとづきながら、どのようにあらたに形成されるかについては、過去の構造を未来へとずらす「アブダクション」の働きに注目することで、ある程度明らかになった（佐古 2016, 2018）。

以上の議論を踏まえると「自己制御」の要点は、「驚き」を解消するために「アブダクション」によりもたらされた考えが、あらたな「知的概念の意味」として、つまりは振舞いに影響を及ぼすように身につける（あるいは身につけない）働きにあると考えられる。すなわち、あらたな考えがたんなる思いつきとして消え去るのか、それとも「習慣」として、私たちの振舞いの傾向を確立するのかを決定するのが「自己制御」の働きということになる。

二　パースにおける「自己制御」

a　変遷

E・S・ペトリー（Petry 1992）はパースの「自己制御」の展開を、①シラーとスウェーデンボルグによる影響を受けている段階（一八五五年頃〜一八八〇年代まで）、②擬似推論（sham reasoning）によるものと考えている段階（一八八〇年代〜一八九〇年代）、③倫理学の再評価に基づく予期と熟慮が導入された段階（一八八〇年代後半〜一九〇〇年頃）、④自己制御がパースのほかの思想と融合する段階（一九〇二年以降）の四つの段階に区分している。

パースは最初の段階では、詩人シラーによる「遊戯衝動」と神学者スウェーデンボルグの「vir（人、男、夫）」[*1]に注目している（Ibid.: 669-676）。遊戯衝動とは、時間の枠に置こうとする感性的衝動と、時間や変化を廃棄し、永続性や共同性を与えようとする形式衝動のバランスをとった結果のものである。パースは遊戯衝動において、感性衝動を制御するだけでなく、形式衝動をゆるめる必要があるという点に「自己制御」の萌芽を見ている。

しかし、第二段階で「自己制御」の役割は「擬似推論」という道徳性に関する内的な葛藤への対応（二次性）へと移る（Ibid.: 676-680）。ただし、そこでの「自己制御」は現在の葛藤を取り除くことに焦点があり、予期という視点は入っていない。

第三段階は第二段階と時期的な重なりはあるが、主にパースの倫理学の再評価、さらにはそれに伴う探究の理論と批判的常識主義の展開と結びついたものとされる（Ibid.: 680-687）。この段階では、「自己制御」の二次性の側面を放棄し、思考と行為の連続性、現在と未来の連続性を重視する

＊1
パースは「vir」に自己の個体化や創造性を見ており、スウェーデンボルグの影響とともに興味深い（Petry 1992, 673-676）。ただし、スウェーデンボルグの思想を扱うことは紙幅の関係上困難であるし、共同体の形成というよりも共同体から自己への揺り戻しという点に強調点があるため、ここではその重要性を指摘するにとどめる。

ようになる。
ペトリーは第四段階を、自分の手には余るとして説明していない（Ibid.: 668-669）。この第四段階そのものの説明はないが、A・マスカー（Massecar 2016）による「批判的自己制御」、特にその制御方法についての説明が役に立つと思われるので次で検討する。

b　自己制御の方法

マスカー（Massecar 2016: ch. 6）は、批判的な自己制御が知的習慣の形成に対し本質的であることを示すため、「どのように制御されているのか」という問いに注目する。そして、パースにおける主要な「自己制御」の方法として、抑制（inhibitory）、直接性の宙づり（the suspension of immediacy）、記号論の経由（through semiotics）の三つを挙げる（Ibid.: 124）。マスカーは参照していないが、この三つの要素を先に見たペトリー（Petry 1992）による段階を考慮に入れることでパースにおける最終的な（第四段階の）自己制御について考えたい。

「あらゆる種類の自己制御は純粋に抑制的である。それは何も生み出さない」（CP. 5. 194）[*2]というパースの言葉に、マスカーはその正しさを認めつつも異なる行動の始まりとしての意義を見出そうとする（Massecar 2016: 124）。このパースの言葉は、ペトリーによる区分の第二段階に対応すると考えられる。ただ、この言明が一九〇三年になされている点を考慮するならば、マスカーが指摘するように単なる抑制というより次の振舞いを始めるための準備段階と考えられるだろう。

つぎに「直接性の宙づり」について、パースは「自己制御は一時的な切迫性を見る代わりに、実際的な主題についての拡張された見方を提示する能力であるように思われる」（CP. 5. 339n1）と述べている。これは時期的にも内容的にもペトリーによる区分による第一段階にあたる。ただ、マス

＊2　慣例に従い、*Collected Papers of Charles Sanders Peirce*. Vol. I-VIII, Harvard University Press, 1934-1958. の巻数とパラグラフ・ナンバーであらわしている。

カー（Massecar 2016: 124）が指摘するように現在の緊急性を一度保留にして、自己を拡張するという点を踏まえるならば、第三段階の萌芽と見ることもできる。

最後に「記号論の経由」（「記号作用の重複する選択肢」）について、パースは「それ〔記号〕は、その記号作用（が持つ複数の選択肢）のひとつの選択肢を選ぶことで別の選択肢に影響を及ぼしうるし、そこで私たちは自己制御に向けた最初のステップに入る」（MS 290）[*3]と述べており、これは記号論との融合という点で第四段階に関わると考えられる。

ここでこれら三つの「自己制御」が、「習慣形成」の説明になっていることに気づくだろう。つまり、驚きという形で外的に生じた問題に対し、振舞いをいったん「抑制」し、内的世界において「直接性を宙づり」にする。そうすることでアブダクションが可能になり、驚きを解消するためのあらたな考えが複数提示される。もちろん、そのように提示された複数の「選択肢」はひとつに選ばれる必要がある。そしてその選択がどうであったのかがさらなる反省にかけられ、知的概念の意味が確定することになる。こうして「自己制御」の第四段階でこれら三つは習慣形成として一つに統合されるのである。

三　自己制御のモデルとしての規範学

a　パースの規範学

以上のような「自己制御」はいったい何を基準になされるのだろうか。W・ジェームズらほかのプラグマティストたちがその基準として真理を考えていたのに対し、パースがそれらの批判的乗り越えとして提示したのが、一九〇二年以降に論じられることになる規範学[*4]である（渡辺 1986）。

*3 慣例に従い、C. S. Peirce, *The Charles S. Peirce Papers*, Cambridge MA: Harvard University Library Microreproduction Services (1963) に収録されている書簡以外の草稿をMSと略記し、草稿番号を記載している。

*4 R・S・ロビン（Robin 1964）やB・ソレンセンら（Sørensen et al. 2010）が指摘しているように、パースは厳密にいえば「規範学の理論」を示したわけではないが、振舞いを理性的に制御するためのモデルとして「規範学」を素描している。

規範学とはパースにおける哲学の三つの区分（現象学・規範学・形而上学）のひとつであり、「現象が目的に対して有する関係を取り扱う」（CP. 5. 123）ものである。パースは、「規範学一般は事物と目的との合致に関する法則の学」（CP. 5. 129）であると定義したうえで、第一次性である感じ（feeling）の評価を考察する美学、第二次性である行動（action）の評価を考察する倫理学、第三次性である思考の評価を目的とする論理学の三つに区分している。

さて、論理学が規範学の一部であるとはどういうことだろうか。渡辺啓真（1986: 55）が指摘するように、パースは、私たちの思考作用が本来的に「ある目的、あるいは理想へとそれらを順応させるという観点から制御される」（CP. 1. 573）熟慮にあると考えている。そのため論理学は、私たちの推論を制御可能にする規則を定める点で規範学の一部とされる。また、論理学は探究を効果的に進める方法に関わるゆえに、その目的に依拠することとなる。

つぎの倫理学について、パースはその課題を「どのような目的が可能であるかをつきとめること」（CP. 5. 134）としており、その点で論理学を基礎づけるものとなっている。また、その意味で、パースは倫理学を「最高善（summum bonum）」（CP. 1. 191）を決定する手助けをするものとみなしている。加えて、探究の論理の最終段階である「科学の方法」（CP. 5. 381）では「共同体」が考えられており、倫理学においても、探究者の共同体における究極的意見の一致が求められる。その結果、上で見た倫理学の問いは「何が無条件に称賛に値するのか」という形で問い直されることになり、倫理学は美学へと基礎づけられることになる（cf. Massecar 2016: 37-38; 渡辺 1986: 56-57）。

最後に、パースにおける美学とは「私たちの行為がどのようなものとなるかをまったく考慮することなく、諸事物の理想的に可能な状態を、称賛すべきものと称賛すべきでないものとの二つのクラスに分け、ある理想が称賛に値するということを構成するものが何かを定義しようとする」(CP. 5. 36) ものである。この結果、規範学の究極的な目的は、美的善(最高善)となる。パースにしたがうならば、私たちは「感受的なものの全体性に接しているのであり、それは一種の知性的共感、言いかえれば、ここに私たちの理解しうるひとつの感じがあるという意識、つまりひとつの理性的な感知」(CP. 5. 113) としての美的善を享受することを究極の目的として、自分たちの行為を制御しているということになる。

b　パースにおける共同体と最高善

これまでの議論を整理するならば、パースにおける習慣形成としての「自己制御」は、たんに個人的になされるものではなく、規範学における知性的な共感としての美的善を達成するため、抑制、直接性の宙づり、記号論の経由という三つの方法を利用しながらなされる、ある意味で社会的な営みということになる。ではこのとき、自己制御の極となる共同体における意見の一致としての美的善とはどのようなものだろうか。また、そもそもどのような共同体を想定すべきだろうか。

ここで参考になるのが、I・レドンド(Redondo 2012) によるパースにおける共同体とその最高善に関する議論である。レドンドはジェームズ・W・ケアリーの儀式モデルを参照しながら、パースにおけるコミュニケーションは、考えがひとからひとへと伝達されるという見方ではなく、社会の維持に向けてなされると述べている(Ibid.: 214)。もう少し詳しくいうならば、コミュニケーションとは、内容の共有ではなく、共同体の活動を維持するための「主張」と「対話」を通じた参与ということになる(Ibid.: 216-219)。

そして、そのようなコミュニケーション(共同体)を成立させるための前提である「最高善」

は、完全な状態としてではなく、完全な状態へと近づけるための熟慮のプロセスの（想像上の）到達点として機能するものと考えられる（Ibid.: 225）。このような最高善に向けた共同的な活動への参画の結果として、私たちは規範を「習慣」として獲得するのである。

このような共同体やコミュニケーションのとらえ方は、「規範学」や「自己制御」の検討において見逃されがちであるが、次に「希望」との関係で検討するように、パースの思索、特にそこにおける社会の役割について考えるために欠くことができない。

四　自己制御を現実に駆動するものとしての「希望」あるいは「偏見」

ここまでパースの習慣形成において「自己制御」がどのように働き、何に向けてなされるのかを検討してきた。ここではそのような「自己制御」が実際のところどのように開始され、私たちにどのような影響を及ぼすことになるのかを考察する。

一点注意しておく。「自己制御」の開始を説明するものとして、R・S・ロビン（Robin 1964: 271）とL・トラウト（Trout 2010: 229）はそれぞれ別の仕方でパースの「批判的常識主義」を提示しているが、批判的常識主義はパースにより断片的にしか論じられておらず、研究者による解釈も一致しているとはいいがたい。そのためここでは批判的常識主義への言及は最小限にとどめ、パース自身がアブダクションを開始する際に探究者が抱く必要があるものとしている「希望」に注目する（EP2, 106–107）[*5]。「自己制御」を「希望」との関係で考察することで、パースが気づいていなかった「希望」の裏返しとしての「偏見」にまで到達することが可能となる。

＊5　慣例に従い、C. S. Peirce, *The Essential Peirce: Selected Philosophical Writings*, Vol.1, ed. by the Peirce Edition Project, Bloomington: Indiana University Press, 1992 は EP1 と、C. S. Peirce, *The Essential Peirce: Selected Philosophical Writings*, Vol.2, ed. by the Peirce Edition Project, Bloomington: Indiana University Press, 1998 は EP2 とあらわしている。

a　パースにおける「希望」

R・ローティをはじめとしてプラグマティズムにおいて「希望」は、伝統的認識論的基礎付けの過剰さに代わるものなどとして重要なテーマであり続けているが、ここでは「自己制御」との関係で、特に「何を希望すべきか」という観点から「希望」を考察する。ただし、パースは「希望」の重要さを強調しているものの、その機能を説明していない（Cooke 2005: 651）。そこでパース自身が「希望」をどう考えていたかを検討し、「希望という方法」への展開を試みる。

パースは初期の論文「信念の固定」のなか（EP1. 112）で、短いスケールの探究において、①「希望」の価値は経験によるチェック可能性に依存する、②「希望」は、合理的ではないが私たちの自然な組成の一部である、③「希望」はその論理性だけでなく、励みを与える点でも有用でありうる、と述べている。また、ほかのところでは（EP1. 81-82）、長いスケールの探究における「希望」を、論理により要求される「情感（sentiment）」や「仮説」として言及したうえで共同体と関係づけており、カント的な統制的原理として働くものと解釈できる。[*6]

このようなパースにおける「希望」を、C・フックウェイ（Hookway 2000）は「情感」（sentiment）との結びつきを強調することで、E・クーク（Cooke 2005）は「希望」を超越論的なものとして考えることで独自に展開している。それらの展開は興味深いが、ここでは人類学者の宮崎和弘が提唱する「希望という方法」を用いる。宮崎（2009）が主に言及している哲学者は、エルンスト・ブロッホ、ヴァルター・ベンヤミン、リチャード・ローティであるが、その特徴は「希望」を概念としてではなく、方法としてとらえるところにあり、パースとの共通点が確認できるからである。[*7]

＊6
パースが知的希望を、虚焦点として私たちの認識を主観的にコントロールするカントの統制的原理になぞらえていること（CP. 1. 405）を踏まえるならば、「希望」がかならずしも一義的、確定的に習慣を形成するわけではないことに注意する必要がある。この点について匿名の査読者の方のコメントに感謝する。

＊7
前注で触れたように、パースがある種の「希望」を虚焦点として作用する統制的原理と考えていたという点は、「希望」を方法としてとらえることを支持すると考えられる。

b　希望という方法

宮崎（2009: 4）は、「希望」が明るい未来が必ず待っているという「楽観主義」とは異なることを指摘したうえで、「「希望という方法」は、確定され、固定されたかに見える知識を再び未来へ向かって開くために、知識を揺さぶり、突き動かし、何らかの動きを与えようと積極的に働きかける」ものであると述べる。このように動かされた知識がどのような結果をもたらすかをあらかじめ知ることができない点で、この方法は知識を不確定な状態へと導くことになる。

宮崎はこのような過程を、「行為主体性の一時停止」（the abeyance of agency）（宮崎 2009: 6）と呼び、この意味で、「希望という方法」が持つ知識に能動的に働きかけるという側面と、それ自身が作り出す不確定性を引き受けるという受動的な側面の両義性こそがこの方法を「希望」と呼ぶ所以であると強調している。そしてこの方法が作動しているまさにそのさなかに過去志向性の知識は不確定性という未来志向へと転じるのであり、そこにおける未来への転換は、過去の知識が少しずらされながら反復複製されるものであると論じる。宮崎は言及していないが、この方法は、一時停止や過去の知識のずらしといった点でパースにおける「自己制御」や「アブダクション」、さらにはそれらからなる「習慣（形成）」と非常に近い。[*8]

宮崎（2009: 第二章－第七章）は、フィジーのスヴァヴォウの人々が失われた始祖の土地に対する補償を求める努力と彼ら自身についての知識を確認する努力のなかで、どのように過去の知識が動かされ、行為主体性が一時停止されると同時に不確定な未来へと少しずらされながら反復されていくかについてフィールドワークをもとに記述している。

その詳細をここで説明はできないが、本稿におけるポイントは、このような「希望」が補償を求めるスヴァヴォウの人々のみに共有されているわけではなく、政府関係者、弁護士、コンサルタン

*8　宮崎（2009: 57-64）自身はパースの抵抗に関する意識を現在認識の一般理論を提示しようとした試みとして批判的な形で引用している。ただし、本稿でこれまで確認したように「自己制御」において抵抗の意識は、宙づりされ、予期へともたらされるのであり、その点で宮崎の批判は当てはまらないどころか、パースの方法論は彼のものに非常に近いと思われる。

ト、さらにはフィールドワーカーである宮崎などその問題に関わる人を巻き込んだかたちのよりおおきな「希望」として、それを共有する共同体を作り上げる点にある。そしてこの運動は関わる人の変化に伴い「希望」そのものやそれを極とする共同体を常に更新することとなる。

この点をパースへと折り返す時、スヴァヴォウの共同体はパースの言う「最高善」には到達していないとしても、パースにおける共同体のある段階の具体例として、さらには、そのような共同体の「規範」の個人化の具体例として理解することができる。[*9] つまり、私たちはスヴァヴォウの人々のように、ある問題に対して過去の知識を少しずつ未来へと動かしながら更新される「希望」を共有し、そのように更新される「希望」をそれぞれの形で規範化することで共同体を形成しているのである。

また、宮崎は触れていないが、パースのこれまでの議論を踏まえるならばこのような「希望」が能動的に抱かれることはないだろう。というのも現在困難な状況にあるからこそ「希望」は必要とされるのであり、その意味で、パースが指摘していたように「希望」は困難（抵抗）と対になることで探究を開始するものだからである。加えていえば、困難な状況にないにもかかわらず能動的になされる場合、ひとはそれを「欲望」と呼ぶのかもしれない。

c　批判的常識主義と「偏見」

最後に、少し駆け足になるが「希望」とは別に「自己制御」を開始させるものとされている批判的常識主義に触れておく。批判的常識主義は、一九〇五年ごろからパースが提唱した立場であり、トマス・リードの常識主義の哲学とカントの批判哲学とを融合させたものである。[*10] 本稿との関連で簡単にまとめるならば、私たちは手持ちの「常識」から探究を始めざるを得ないが、そのような常

＊9　この議論をきちんと行うためには、注2でも触れた共同体における個人化について考える必要がある。ただし、ここでの「規範」の個人化では、共同体（「希望」）を維持するため個々人の役割に応じて異なる「規範」が習慣化されているということは指摘しておく。

＊10　パースは、カントが物自体に関する命題を捨て去り、それに伴う理論の修正をするならば、批判的常識主義者になるだろうと述べている（CP. 5. 452）。

識は真理ではないので常に精査が必要であるとする立場であり（CP. 5. 511-513）、「自己制御」との関係でいえば、抵抗が生じたとき、抵抗を生じた外部を精査するのではなくそれを抵抗として認識した自らの「常識」を精査せよという立場ということになる。

トラウトはこの批判的常識主義を「共同体的な力学から切り離されたデカルト的個人によってではなく、社会的に調整された個々人そして社会によって企てられなければならない」（Trout 2010: 34）と社会・共同体的な方向へと拡張する必要性を主張する。そのような拡張のなかでトラウトは、社会によりもたらされる二次性（抵抗）には、公共の場では服を着用するといった社会の成員みなが平等にこうむる「社会的二次性」と、それとは違う形で非－ヘゲモニー集団に向けてなされる「社会・政治的二次性」の二種類があると指摘する。そして、後者の二次性は、ヘゲモニー集団が持つ「社会化された本能的信念」、つまりは、息をすることのような生得的な習慣だけでなく、宗教のような社会的に獲得された習慣により生み出されており、トラウトは批判的常識主義の立場をとって修正されねばならないと主張する（Ibid.: 63-68）。

トラウトは、このような二次性や信念を「常識」との関係で考えているが、本稿でこれまで考察してきた観点から考えるならば、それは「希望」の裏返しとして考えられるのではないか。つまり、非－ヘゲモニー集団がその困難な状況を解決するために「希望」を抱くのに対し、ヘゲモニー集団は、現在の状況に生じた抵抗（少数派からの異議申し立て）を、現在の優位な状況を維持するために自らは気づかないまま「常識（偏見）」として共有する共同体になっているのであり、その結果が「差別」という形で現れるのではないか。[*11] つまり、非－ヘゲモニー集団が問題に対して「希望」を抱くのに対し、ヘゲモニー集団は問題に対して自らを守るために「偏見」を抱くと考えられるのではないか。

＊11
トラウトは、このような「偏見」が「常識」とされている状況について、パースの科学の方法が誤った仕方で適用されていると考えている（Trout 2010: 146-149）。

おわりに

以上で見てきたように、パースの知的概念の意味の確定としての習慣形成は、驚きのような二次性という形での真なる疑念を契機とし、そのような疑念をいろいろな仕方の「自己制御」やアブダクションとを行うことで、あらたな意味（あらたな行為の習慣）を確定することにより解消するという仕組みになっている。

そしてアブダクションにより提供された複数のあらたな意味は、規範学に基づくことで、美的善の享受を究極的な目的として自己制御を行うなかで共同体における「希望」（とそれに基づく規範）という形で獲得される。

このようにして獲得される「希望」はかならずしも正しいものとはかぎらず、トラウトが指摘したように「偏見」（さらには差別）へと転じることもしばしば起こる。とはいえ、負の「希望」とでもいうべき「偏見」によりかえって明らかになるように、私たちはそのような「希望」を習慣化（身体化）することにより集団を、さらには共同体を形成している。

偏見は取り去られねばならない。とはいえ、私たちは驚きのような二次性（抵抗）から生じる問いに対して、「希望」あるいは「偏見」を極とする「自己制御」を通じて対処することにより共同体の一員としての「習慣」を獲得せざるを得ないのである。

参考文献

Cooke, E.（2005）"Transcendental Hope: Peirce, Hookway, and Pihlström on the Conditions for Inquiry," *Transactions of the Charles S. Peirce Society*, 41(3): 651–674.

Hookway, C.（2000）. *Truth, Rationality and Pragmatism: Themes from Peirce*, Oxford: Oxford

University Press.

Massecar, A. (2016) *Ethical Habits: A Peircian Perspective*, Lanham, MD: Lexington Books.

宮崎広和（2009）『希望という方法』以文社。

Petry, E, S. (1992) "The Origin and Development of Peirce's Concept of Self-Control," *Transactions of the Charles S. Peirce Society*, 43(3): 667-690.

Redondo, I. (2012) "The Normativity of Communication: Norms and Ideals in Peirce's Speculative Rhetoric," in Cornelis de Waal and Krzysztof Piotr Skowronski (eds.), *The Normative Thought of Charles S. Peirce*, New York : Fordham University Press, 214-230.

Robin, R, S. (1964) "Peirce's Doctrine of the Normative Sciences", in Richard S Robin & Edward C. Moore (eds.), *Studies in the Philosophy of C. S. Peirce, Second Series*, Amherst: University of Massachusetts Press, 271-288.

佐古仁志（2014）「究極的な論理的解釈項としての「習慣」とパースにおける「共感」」『叢書セミオトポス⑨　着ること／脱ぐことの記号論』新曜社、一九〇－二〇三頁。

佐古仁志（2016）「「意味」を獲得する方法としてのアブダクション――予期と驚きの視点から」『叢書セミオトポス⑪　ハイブリッド・リーディング』新曜社、二三九－二五四頁。

佐古仁志（2018）「「投射」を手がかりにした「アブダクション」の分析と展開」『叢書セミオトポス⑬　賭博の記号論』新曜社、一四四－一五八頁。

Sørensen, B. & Thellefsen, T. L. (2010) "The normative sciences, the sign universe, self-control and rationality-according to Peirce," *Cosmos and History*, 6(1): 142-152.

Trout, L. (2010) *The Politics of Survival: Peirce, Affectivity, and Social Criticism*, New York: Fordham University Press.

渡辺啓真（1986）「「探究の目的」と規範学――C・S・パースにおけるプラグマティズムの一帰結」『実践哲学研究』第九巻、四五－六一頁。

資料　日本記号学会第三七回大会について

「モードの終焉?——デジタルメディア時代のファッション」
日時　二〇一七年五月二〇日(土)、二一日(日)
場所　明治大学リバティータワー(東京都千代田区)

一日目:五月二〇日(土)

(明治大学リバティータワー1F1011教室)
13時00分　受付開始
13時30分—14時　総会
14時20分—14時40分　問題提起:高馬京子大会実行委員長(明治大学)
14時40分—17時00分　**第1セッション**
「紙上のモード——印刷メディアと流行」
平芳裕子(神戸大学)
小林美香(東京国立近代美術館)
高馬京子(明治大学)
成実弘至(京都女子大学)
司会:佐藤守弘(京都精華大学)
17時30分—20時　懇親会(明治大学リバティータワー23F宮城浩蔵ホール)

二日目:五月二一日(日)

10時—12時15分　学会員による研究発表
分科会A(リバティータワー7F1075教室)
司会:外山知徳
「考古学資料における記号表現と観念モデルの再構築」武居竜生(信濃医療福祉センター)
「「投射」を手がかりにした「アブダクション」の分析と展開」佐古仁志(立教大学)
「微笑の歓待——横光利一『微笑』における文学と倫理」大久保美花(明治大学大学院)
分科会B(リバティータワー7F1076教室)
司会:河田学
「サードプレイスとSNS」妻木宣嗣(大阪工業大学)
「「木村拓哉」という記憶」野中直人((株)スリープセレクト)
「荒木経惟のリアリズムとフィクションの関係性——1980年代の雑誌分析を中心

に」唄邦弘（京都精華大学）
「ファルマコン（pharmakon）と衛生概念（Hygiène）に基づく身体論の再構築と芸術的実践」大久保美紀（パリ第8大学）

13時30分—14時40分　**第2セッション**（リバティータワー1F1011教室）
「ストリートの想像力——〈HARAJUKU/SHIBUYA〉」
高野公三子（AROSS 編集部、文化学園大学）
司会：水島久光（東海大学）

15時00分—17時40分　**第3セッション**
「デジタルメディア時代のファッション」
須藤絢乃（アーティスト）
大黒岳彦（明治大学）
吉岡洋（京都大学）
司会：高馬京子（明治大学）

17時40分　閉会の辞：前川修会長（神戸大学）

執筆者紹介

高馬京子（こうま きょうこ）
大阪大学大学院言語文化研究科修了。博士（言語文化学）。パリ第一二大学でDEA(Pouvoir, Discours, Société)。リトアニア国立ミーコラスロメリス大学准教授、国際日本文化研究センター外国人研究員を経て現在、明治大学情報コミュニケーション研究科准教授。専門はファッション研究、言説分析、文化記号論、超域文化論。著書に『越境する文化・コンテンツ・想像力』（共編著、ナカニシヤ出版、二〇一八年）、*Japan as Represented in European Medias*（共編著、リトアニア国立ヴィータウタス・マグヌス大学、二〇一一年）。翻訳にドミニク・マングノー『コミュニケーションテクスト分析』（共訳、ひつじ書房、二〇一八年）など。

佐古仁志（さこ さとし）
一九七八年生まれ。大阪大学大学院人間科学研究科博士課程単位取得退学。博士（人間科学）。立教大学兼任講師ほか。専門は生態記号論。おもな著書・論文に『知の生態学的転回3 倫理』（共著、東京大学出版会、二〇一三年）、「「投射」を手がかりにした「アブダクション」の分析と展開」（『叢書セミオトポス13』日本記号学会編、二〇一八年）、「「意味」を獲得する方法としてのアブダクション」（『叢書セミオトポス11』日本記号学会編、二〇一六年）。翻訳にジョン・R・サール『意識の神秘』（共訳、新曜社、二〇一五年）など。

佐藤守弘（さとう もりひろ）
一九六六年生まれ。コロンビア大学大学院修士課程修了、同志社大学大学院博士後期課程退学。博士（芸術学）。京都精華大学デザイン学部教授。専門は芸術学、視覚文化論。著書に『トポグラフィの日本近代』（青弓社、二〇一一年）、『俗化する宗教表象と明治時代』（分担執筆、三弥井書店、二〇一八年）、『手と足と眼と耳』（分担執筆、学文社、二〇一八年）。翻訳にジェフリー・バッチェン『写真のアルケオロジー』（共訳、青弓社、二〇一〇年）など。

須藤絢乃（すどう あやの）
一九八六年生まれ。アーティスト、フォトグラファー。二〇一一年、京都市立芸術大学大学院修士課程修了。在学中にフランス国立高等美術学校留学。二〇〇九年、年京都市立芸術大学作品展市長賞受賞。二〇一一年、ミオ写真奨励賞にて森村泰昌賞受賞。国内外での展示を経て、同年十月に台湾の1839当代藝廊（台北市）で初個展。二〇一四年、実在する行方不明の少女たちに自ら扮したシリーズ『幻影Gespenster』でキヤノン写真新世紀グランプリ受賞。同タイトルの作品集が、フランスのHOLOHOLO BOOKSより出版されている。

大黒岳彦（だいこく たけひこ）
一九六一年生まれ。東京大学大学院科学史科学基礎論専攻にて博士課程単位取得退学後、一九九二年、日本放送協会に入局。退職後、東京大学大学院学際情報学府にて博士課程単位取得退学。現在、明治大学情報コミュニケーション研究科教授。専門は哲学・情報社会論。著書に『ヴァーチャル社会の〈哲学〉――ビットコイン・VR・ポストトゥルース』（青土社、二〇一八年）、『情報社会の〈哲学〉――グーグル・ビッグデータ・人工知能』（勁草書房、二〇一六年）、『〈コミュニケーション〉理論の再構築』（共著、勁草書房、二〇一二年）、『「情報社会」とは何か？――〈メディア〉論への前哨』（NTT出版、二〇一〇年）など。

高野公三子（たかの くみこ）
一九九二年（株）パルコ入社。雑誌『アクロス』編集室の編集記者として、東京の若者とファッションを観察・分析する「定点観測」を担当。カルチュラルスタディースの見地からマーケティング分析に従事。二〇〇〇年秋に「ストリートファッション・マーケティング」をコンセプトとしたウェブマガジン『WEBアクロス』を創刊。『ACROSS』に改名。二〇一七年以降、グーグルアーツアンドカルチャーのファッションプロジェクト「WE WEAR CULTURE」にも参加中。共著に、『ジャパニーズデザイナー』、『ファッション業界がわかる本』（ともにダイヤモンド社、一九九九年、二〇〇〇年）、『トーキョー・リアルライフ』（実業之日本社、二〇〇三年）、『ファッションは語りはじめた――現代日本のファッション批評』（フィルムアート社、二〇一一年）など。文化学園大学大学院講師。

成実弘至（なるみ ひろし）
一九六四年生まれ。大阪大学大学院文学研究科博士前期課程修了、ロンドン大学大学院修士課程修了。京都女子大学家政学部教授。専門は文化社会学、ファッション研究。著書に『二〇世紀ファッションの文化史』（河出書房新社、二〇〇七年）。共編著に『ファッションで社会学する』（有斐閣、二〇一七年）、分担執筆に『Introducing Japanese Popular Culture』(Routledge、2018)、『Japan Fashion Now』(Yale University Press、2010)、翻訳にウィリアム・ウォルターズ『統治性』（共訳、月曜社、二〇一六年）など。

平芳裕子（ひらよし ひろこ）
一九七二年生まれ。東京大学大学院総合文化研究科単位取得退学。博士（学術）（神戸大学）。神戸大学大学院人間発達環境学研究科准教授。専門は表象文化論、ファッション論。著書に『まなざしの装置 ファッションと近代アメリカ』（青土社、二〇一八年）、『相対性コムデギャルソン論』（共著、フィルムアート社、二〇一二年）、『身体皮膚の修辞学』（共著、東京大学出版会、二〇〇〇年）。翻訳に『ファッションと哲学』（共訳、フィルムアート社、二〇一八年）など。

前川 修（まえかわ おさむ）
一九六六年生まれ。京都大学大学院文学研究科修了。現在、神戸大学人文学研究科教授。専門は写真論、映像論、芸術学。著書に『痕跡の光学』（晃洋書房、二〇〇四年）、『心霊写真は語る』（共著、青弓社、二〇〇四年）、『映像文化の社会学』（共著、有斐閣、二〇一六年）、『インスタグラムと現代視覚文化論』（共著、BNN新社、二〇一八年）など。

水島久光（みずしま ひさみつ）
一九六一年生まれ。東京大学大学院学際情報学府修了。現在、東海大学文学部教授。専門はメディア論。著書に『メディア分光器』（東海教育研究所、二〇一七年）、『テレビジョン・クライシス』（せりか書房、二〇〇八年）、『窓あるいは鏡』（共著、慶應義塾大学出版会、二〇〇八年）、『閉じつつ開かれる世界』（勁草書房、二〇〇四年）など。

吉岡 洋（よしおか ひろし）
一九五六年生まれ。京都大学大学院文学研究科修了。現在、京都大学こころの未来研究センター特定教授。専門は美学・芸術学、情報文化論、現代美術、メディアアート。著書に『ワードマップ 情報と生命』（共著、新曜社、一九九三年）、『〈思想〉の現在形』（講談社、一九九七年）、『Diatxt（ダイアテキスト）』第一号－八号（京都芸術センター）など。

日本記号学会設立趣意書

最近、人間の諸活動において（そして、おそらく生物一般の営みにおいて）記号の果たす役割の重要性がますます広く認められてきました。記号現象は、認識・思考・表現・伝達および行動と深く関わり、したがって、哲学・論理学・言語学・心理学・人類学・情報科学等の諸科学、また文芸・デザイン・建築・絵画・映画・演劇・舞踊・音楽その他さまざまな分野に記号という観点からの探求が新しい視野を拓くものと期待されます。しかるに記号学ないし記号論は現在まだその本質について、内的組織について不明瞭なところが多分に残存し、かつその研究が多数の専門にわたるため、この新しい学問領域の発展のためには、諸方面の専門家相互の協力による情報交換、共同研究が切に望まれます。右の事態に鑑み、ここにわれわれは日本記号学会（The Japanese Association for Semiotic Studies）を設立することを提案します。志を同じくする諸氏が多数ご参加下さることを希求する次第であります。

一九八〇年四月

日本記号学会についての問い合わせは
日本記号学会事務局
〒一五〇－八四四〇
東京都渋谷区東四－一〇－二八
國學院大學文学部資料室気付
松谷容作研究室内
[日本記号学会ホームページURL]
http://www.jassweb.jp/

記号学会マーク制作／向井周太郎

叢書セミオトポス 14

転生するモード
デジタルメディア時代のファッション

初版第 1 刷発行　2019 年 5 月 31 日

編　者　日本記号学会
特集編集　高馬京子
発行者　塩浦　暲
発行所　株式会社　新曜社
〒 101-0051　東京都千代田区神田神保町 3-9
電話（03）3264-4973・FAX（03）3239-2958
e-mail：info@shin-yo-sha.co.jp
URL：http://www.shin-yo-sha.co.jp/
印　刷　長野印刷商工（株）
製　本　積信堂

Printed in Japan　ISBN978-4-7885-1637-3　C1010

好評関連書

日本記号学会編〈叢書セミオトポス13〉
賭博の記号論　賭ける・読む・考える
「賭ける」という人類発生とともにある行為はなぜかくも人々を魅了し続けるのか。その魅力と意味を、哲学的、メディア論的、そして記号論的にと多面的に考察する。
A5判182頁　本体2600円

日本記号学会編〈叢書セミオトポス12〉
「美少女」の記号論　アンリアルな存在のリアリティ
我々の周りは美少女のイメージで溢れている。このヴァーチャルな存在になぜ惹かれるのか。美少女は我々をどこに連れて行こうとしているのか。この誘惑的現象を読み解く。
A5判242頁　本体2800円

日本記号学会編〈叢書セミオトポス11〉
ハイブリッド・リーディング　新しい読書と文字学
本あるいは紙と、電子の融合がもたらすグラマトロジーの未来は？　スティグレール、杉浦康平などの思想と実践を参照しつつ、「読むこと」「書くこと」を根底から問い直す。
A5判280頁　本体2900円

日本記号学会編〈叢書セミオトポス10〉
音楽が終わる時　産業／テクノロジー／言説
デジタル化、IT化などで従来の「音楽」概念が通用しなくなろうとしているいま、音楽は何処へ？「ヒトとモノと音楽と社会」の関係を最先端の実践のなかにさぐる試み。
A5判220頁　本体2800円

日本記号学会編〈叢書セミオトポス9〉
着ること／脱ぐことの記号論
着るとは〈意味〉を着ることであり、裸体とは〈意味の欠如〉を着ること。だからこそ脱ぐことは、かくもスリリングなのだ。「着る／脱ぐ」の記号過程を根源的に問い直す。
A5判242頁　本体2800円

日本記号学会編〈叢書セミオトポス8〉
ゲーム化する世界　コンピュータゲームの記号論
ゲームは私たちをどこへ連れて行くのか？　すべてがゲーム化する現代において、ゲームを考えることは現実を考えることである。ゲームと現実の関係を根底から問い直す。
A5判242頁　本体2800円

（表示価格は税別）